U0183007

山东社会科学院　主办　　·2016年创刊·

中国海洋经济

主编　孙吉亭

MARINE ECONOMY IN CHINA

VOL.7,NO.2,2022

EDITOR IN CHIEF: SUN JITING

第14辑

社会科学文献出版社
SOCIAL SCIENCES ACADEMIC PRESS (CHINA)

学术委员

Academic Committee

编 委 会

Editorial Committee

编 辑 部

Editorial Department

历心于山海而国家富
——主编的话

海洋是生命的摇篮、资源的宝库，也是人类赖以生存的“第二疆土”和“蓝色粮仓”。中国自古便有“舟楫为舆马，巨海化夷庚”的海洋战略和“观于海者难为水，游于圣人之门者难为言”的海洋意识，中国海洋事业的发展也跨越时空长河和历史积淀而逐步走向成熟、健康、可持续的新里程。从山东半岛蓝色经济区发展战略的确立到“一带一路”重大倡议的推动，海洋经济增长日新月著。一方面，随着国家海洋战略的不断深入，高等院校、科研院所以及政府、企业对海洋经济的学术研究呈现破竹之势，急需更多的学术交流平台和研究成果传播渠道；另一方面，国际海洋竞争的日趋激烈，给海洋资源与环境带来沉重的压力与负担，亟须我们剖析海洋发展理念、发展模式、科学认知和科学手段等方面的深层问题。《中国海洋经济》的创刊恰逢其时，不可阙如。

当我们一起认识中国海洋与海洋发展，了解先辈对海洋的追求和信仰，体会中国海洋事业的艰辛与成就，我们会看到灿烂的海洋遗产和资源，看到巨大的海洋时代价值，看到国家建设“海洋强国”的美好愿景和行动。我们要树立“蓝色国土意识”，建立陆海统筹、和谐发展的现代海洋产业体系，要深析明辨，慎思笃行，认真审视和总结这一路走来的发展规律和启示，进而形成对自身、民族、国家、海洋及其发展的认同感、自豪感和责任感。这是《中国海洋经济》栏目设置、选题策划以及内容审编所遵循的根本原则和目标，也是其所秉承的“海纳百川、厚德载物”理念的体现。

我们将紧跟时代步伐，倾听大千声音，融汇方家名作，不懈追求国际性与区域性问题兼顾、宏观与微观视角集聚、理论与经验实证并行的方向，着力揭示中国海洋经济发展趋势和规律，阐述新产业、新技术、新模式和新业态。无论是作为专家学者和政策制定者的思想阵地，还是作为海洋经济学术前沿的展示平台，我们都希望《中国海洋经济》能让观点汇集、让知识传播、让思想升华。我们更希望《中国海洋经济》能让对学术研究持有严谨敬重之意、对海洋事业葆有热爱关注之心、对国家发展怀有青云壮志之情的人，自信而又团结地共寻海洋经济健康发展之路，共建海洋生态文明，共绘“富饶海洋”“和谐海洋”“美丽海洋”的蔚为大观。

孙吉亭

寄语2022

因海而兴，向海而生。建设海洋强国是中国特色社会主义事业的重要组成部分。经过多年发展，中国海洋事业总体上进入历史上最好的发展时期。2021 年，中国海洋经济强劲恢复，发展态势与韧性彰显。初步核算，2021 年中国海洋生产总值首次突破 9 万亿元，达 90385 亿元，比上年增长 8.3%，对国民经济增长的贡献率为 8.0%，占沿海地区生产总值的比重为 15.0%。其中，海洋第一产业增加值 4562 亿元，第二产业增加值 30188 亿元，第三产业增加值 55635 亿元，分别占海洋生产总值的 5.0%、33.4% 和 61.6%。2021 年，中国主要海洋产业增加值 34050 亿元，比上年增长 10.0%，产业结构进一步优化，发展潜力与韧性彰显。海洋电力业、海水利用业和海洋生物医药业等新兴产业增势持续扩大，滨海旅游业实现恢复性增长，海洋交通运输业和海洋船舶工业等传统产业呈现较快增长态势。

当今世界正在发生复杂而深刻的变化，综合研判国内外形势，2022 年中国发展面临的风险和挑战明显增多，但是经济长期向好的基本面不会改变，持续发展具有多方面有利条件，并且中国积累了应对重大风险挑战的丰富经验，中国海洋事业发展依然可以大有作为。

海洋是地球上最大的自然生态系统，健康的海洋是建设海洋强国的根本要求。尊重自然、顺应自然、保护自然是我们的理念，海洋生态保护红线是我们严守的防线，推进实施基于生态系统的海洋综合管理势不可当。我们应推动海洋经济深度融入国家区域重大战略，促进海洋经济高质量发展；立足国家重大安全发展战略，把握沿海地区经济社会发展状况以及高水平开放、陆海统筹的发展特征，统筹考虑相关开发利用行为的布局需求；强化海洋领域国家科技力量，优化重大创新平台布局；建好黄河口国家公园，全面提升黄河三角洲生态功能和生物多样性；秉持中国“共商、共建、共享”的全球治理观，与沿海国家开展全方位、多领域、深层次的双边多边合作，构建蓝色伙伴关系，深度参与全球海洋治理。

新的一年，新的希望，新的征程，新的海洋。

孙吉亭

2022 年 4 月

目 录

（第 14 辑）

海洋产业经济

海洋区域经济

海洋绿色发展与管理

海洋文化产业

CONTENTS

(No.14)

Marine Industrial Economy

Marine Regional Economy

Marine Green Development and Management

Maritime Culture Industry

·海洋产业经济·

中国海参电商品牌建设评价及其推进策略研究*

卢　昆　张　蔷　杜东晓　Pierre Failler　王　健**

摘　要　建设海参电商品牌有助于消费者快速定位自己的目标海参产品，促进海参产销的有效衔接。本文结合中国海参电商品牌运行特征分析，聚焦中国海参电商品牌建设中存在的规模总量有限、发展进程缓慢，品牌意识薄弱、运营能力不足，店铺资质不高、品质差异较大，监管力度不足、行业乱象丛生等问题，有针对性地提出拓宽海参电商渠道、促进线上线下协同发展，强化海参品牌意识、提高电商品牌营运能力，扶持海参电商经营、规范海参电商行业发展，强化数据追溯能力、做好海参品质全程监管，强塑海参食材文化、讲好海参电商品牌故事

* 本文受到山东省现代农业产业技术体系刺参产业创新团队项目（项目编号：SDAIT-22-09）、山东省自然科学基金面上项目（项目编号：ZR2019MG003）、中国工程科技发展战略山东研究院咨询研究项目（项目编号：202103SDYB18）、中国国家留学基金（项目编号：CSCNO.201906335016）和中国海洋大学管理学院青年英才支持计划的资助。

** 卢昆（1979~），男，博士，水产学博士后，中国海洋大学管理学院教授、博士生导师，英国朴茨茅斯大学蓝色治理中心高级研究员，主要研究领域为海洋经济与农业经济。张蔷（1999~），女，中国海洋大学2021级农业经济管理专业硕士研究生，主要研究领域为农业经济管理。杜东晓（1997~），女，中国海洋大学2019级农业管理专业硕士研究生，主要研究领域为渔业经济管理。Pierre Failler（1965~），男，英国朴茨茅斯大学蓝色治理中心教授，博士生导师，主要研究领域为蓝色经济治理。王健（1981~），男，通讯作者，博士，山东省海洋科学研究院副研究员，主要研究领域为海洋科技与产业研究。

等对策，希冀促进“十四五”期间中国海参电商品牌的持续快速发展。

关键词 海参 电商品牌 电商平台 养殖户 食材文化

海参位居“海味八珍”之首，具有很高的营养价值和显著的保健功效。随着近年来健康生活理念的普及和人们消费水平的提高，海参产品开始由高端消费市场逐渐进入百姓餐桌，表现出广阔的市场前景。然而自 2020 年开始，新冠病毒感染疫情在全球范围内的流行，客观上影响了中国水产行业的生产、加工、流通和消费等环节。作为中国第五次海水养殖浪潮的海珍品代表之一，海参从生产到流通环节的全产业链也受到疫情的波及。在此背景下，面对国内新冠病毒感染疫情的多点散发态势，如何助力海参产业高质量发展已成为一个亟须思考的现实问题。

1999 年是中国电子商务发展的元年。正是在这一年，中国电商真正进入实质化的商业阶段。作为一种全新的交易渠道，电子商务为人们提供了崭新的经济视角和交易选择、充满无限的机遇和未知，也为中国经济“转方式、调结构”、培育新的增长点提供了新的历史契机和现实载体。2017 年中央一号文件明确了发展农村电商的重要性，不仅为农村电商的发展指明了方向，还重点强调了要推进农村电商发展。随着近年来互联网技术的飞速发展，海参电商凭借其便捷化、多样化的独特优势，消费者流量迅速增加，在海参消费环节的市场份额也逐步提高。显然，在国内新冠病毒感染疫情多点散发的背景下，积极借助互联网电商平台、先进便捷的电子支付系统拓展海参电商经营业务，深化海参电商品牌创建工作，不仅有利于降低海参消费者的搜寻成本，而且有利于促进海参产品产销环节的有效衔接，对促进国内国际双循环新发展格局下中国海参产业的高质量发展具有重要的现实意义。

鉴于此，本文通过收集中国海参电商品牌店铺经营数据，客观审视中国海参电商品牌的建设概况，进而分析中国海参电商品牌的运行特征，并针对中国海参电商品牌建设目前存在的关键问题，系统提出促进中国海参电商品牌建设的策略选择，希冀促进“十四五”期间中国海参电商品牌的持续快速发展。

一 中国海参电商品牌建设概况

据不完全统计，在现有的国内知名电商平台上，中国的海参电商品牌店铺总量至少有 3443 家。其中，淘宝上共有 2711 家从事海参产品经营的店铺，已经覆盖全国 31 个省级行政区；京东商城上共有 499 家从事海参产品经营的店铺；天猫平台上也有 233 家从事海参产品经营的店铺，涉及全国 16 个省级行政区。① 从空间分布来看，东部及沿海地区是现阶段中国海参电商品牌店铺的主要集聚区。以淘宝为例，2022 年上半年，在 31 个拥有淘宝店铺的省级行政区中，海参电商品牌店铺数量最多的省级行政区主要集中在东部及沿海地区，新疆、西藏、甘肃等地区的海参电商品牌店铺数量稀少。② 其中，山东（540 家）、广东（506 家）、浙江（255 家）、辽宁（221 家）、北京（218 家）、上海（173 家）、江苏（155 家）、福建（152 家）沿海 8 个省市的海参电商品牌店铺数量占全国海参电商品牌店铺总量的比例高达 81.89%（如图 1 所示）。

进一步来看，山东、辽宁和福建三省的海参电商品牌店铺数量（合计 913 家）占全国总量的 33.68%，这一局面与三省目前是中国海参南北主要养殖区有关：在 2020 年全国海参总量 19.6564 万吨中，鲁辽闽三省海参产量（18.3286 万吨）占全国海参总量的比例高达 93.24%。与之相呼应的是，广东、浙江、北京和上海四省市的海参电商品牌店铺数量占全国海参电商品牌店铺总量的比例高达 42.49%，这显然与四省市目前是中国海参高消费群体的主要集聚地区，以及这些省市相对较高的电子商务发展水平有关。综合而言，现阶段中国海参电商品牌店铺总体呈现产地依赖性和销售市场集聚性并存的发展特点。另外，从海参电商品牌店铺归属地来看，在淘宝上现有的 2711 家海参电商品牌店铺中，广州（204 家）、烟台（175 家）、大连（166 家）、温州（116 家）、青岛（99

① 笔者选择“海参”作为关键词，通过对淘宝、天猫和京东商城等国内三大电商平台进行检索，获取了截至 2022 年 5 月 31 日三大电商平台海参线上店铺的创办年份、所属地区、销售金额以及实际业务销量等数据信息，为本文实证分析提供了数据支撑。

② 在海参电商品牌店铺信息搜集过程中，天猫和京东商城两个平台上的店铺详细信息不全，故本文选择淘宝上的海参电商品牌店铺数据信息进行统计分析。

家）、深圳（92 家）、威海（66 家）、杭州（53 家）、福州（33 家）、泉州（35 家）等城市的海参电商品牌店铺数量相对较多。总体而言，当前中国海参电商品牌店铺主要分布在沿海以及靠近沿海的内陆一线、二线城市，客观上也形成了现阶段全国海参电商品牌店铺“东密西疏”的空间分布特征。

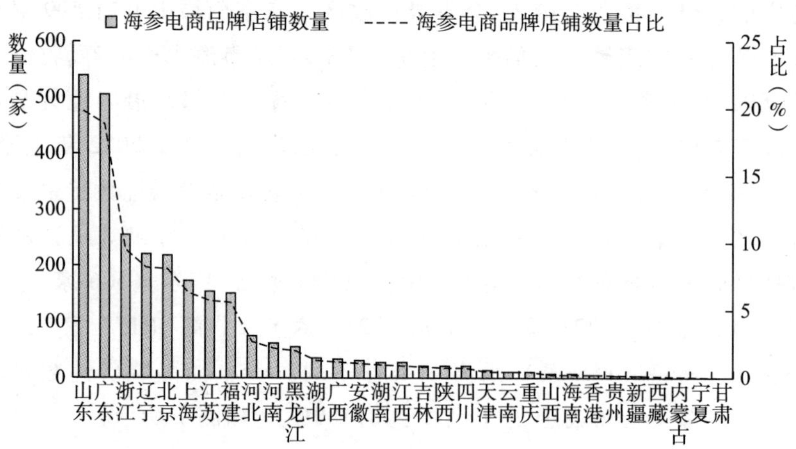

图 1　2022 年上半年淘宝海参电商品牌店铺数量及其全国占比

二　中国海参电商品牌总体运行特征

不同于一般的水产品，海参及其制品因具有较高的营养价值和市场价格通常被称为海珍品。受传统销售渠道的限制，加之宣传手段不足和收入水平低下的影响，普通消费者日常接触海参的机会较少，对海参的总体认知水平有限，导致其在消费海参及其制品时极易发生逆向选择问题，而海参电商品牌店铺的出现不仅帮助消费者了解海参及其制品更多的信息，使其能够购买到称心如意的海参产品，还削减了转移给消费者的中间成本，即减少了“中间商赚差价”，另外还大幅节省了消费者的搜寻费用，提升了消费者的电商采购体验。综合而言，现阶段中国海参电商品牌总体运行呈现如下特征。

（一）海参电商品牌经营规模差异化

截至目前，淘宝、天猫、京东商城等电商平台上已入驻一定数量的海参电商品牌店铺，但从实际运行状况来看，现有海参电商品牌店铺的

经营规模存在明显差异，而且运行效果也参差不齐。以淘宝为例，在已统计的 2711 家从事海参产品经营的店铺中，仅有 820 家海参电商品牌店铺有实际销量，仅占淘宝海参店铺总量的 30.25%。进一步分析可以发现，在 820 家有实际销量的淘宝海参店铺中，各个海参电商品牌店铺的实际销量也存在显著差异，大部分海参电商品牌店铺每月的销售量维持在 100 单以内。具体而言，平均月销量为 0～100 单的海参电商品牌店铺共 749 家，占淘宝海参店铺总量的 27.63%；平均月销量为100～1000 单的海参电商品牌店铺有 48 家，占比 1.77%；平均月销量达到 1000～5000 单的海参电商品牌店铺有 18 家，占比 0.66%；而平均月销量达到 5000～10000 单的店铺只有 3 家；仅有 2 家海参电商品牌店铺平均月销量达到 10000 单及以上（如图 2 所示）。据此不难预见，现阶段中国海参电商品牌店铺的经营规模差异较大，未来如能有效保障海参的质量，辅以得当的网络营销措施，有效避免同质化竞争，中国海参电商的实际销售水平将有较大的提升空间。

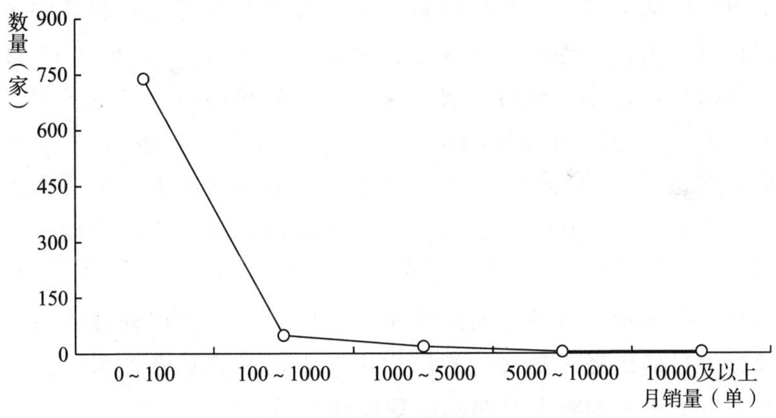

图 2　2022 年上半年淘宝海参电商品牌店铺平均月销量变化

（二）海参电商品牌消费主体年轻化

随着人们收入水平的提高，健康生活的理念已经逐渐为人们所接受，并日益深入人心。而且，自新冠病毒感染疫情发生以来，人们对提高自身免疫力以增强病毒抵抗力的消费需求明显增加。在此背景下，随着互联网对海参及其制品营养保健功能的宣传和推广力度的加大，国内海参及其制品的消费群体正逐步由单一走向多元、从高端消费群体转向高中低市场全覆盖，不仅消费场景更加多元，而且消费空间稳步拓展，年轻群体逐渐取代中老年群体成为海参及其制品消费的主力军。根据海参行业资讯机构 2016 年开展的针对万余人的社会调查“食用海参滋补的年龄区间”，海参消费群体年龄段多集中于 30 ~ 50 岁，较 2014 年的调查数据降低了 20 年①，究其原因主要是为了提高自己身体的免疫力，海参的食疗滋补功效被越来越多处于“亚健康”状态的年轻人认同和持续追捧。

（三）海参电商品牌直播运营常态化

近些年，直播营销的出现给海参电商品牌营销提供了一个更直接、更有力的促销手段。由于消费者普遍对海参及其制品的认知匮乏，如何挑选合适的海参及其制品已经成为困扰消费者的首要问题，而直播营销的出现不仅能带给消费者详细的产品信息，还能给广大潜在消费者带来更强的海参采购交互体验。直播目前已成为众多海参电商品牌广泛采取的一种营销方式。实践中，网红主播通过与潜在海参消费者实时互动，在介绍海参产品的同时，及时解答个体消费者对海参及其制品的采购困惑。据报道，来自大连市的海参电商品牌——海参君 2016 年 11 月就曾与花椒直播平台合作，利用花椒直播一个十分热门的、专注于“颜值 + 超级大胃王”的吃饭直播视频项目——“宇宙第一吃播”，先后做了两场“吃海参饭”在线直播。网红女主播在直播间边吃海参饭边介绍海参产品，当天就引来 94000 人的围观，并且在短短两个小时之内，海参君就接到 1000 多个订单，其微信公众号也增加了 17000 名粉丝。② 毫无疑问，这是一次无形的海参电商品牌植入和网红代言，这种身体力行的直播带货行为目前已越来越多地被广大海参电商品牌运营商采用，势必会促进各大电商平台海参及其制品的规模化经营。

三　中国海参电商品牌建设存在的主要问题

21 世纪以来，互联网技术和信息科技进步迅速，有力地促进了海参

---

① 罗鹏程、陈喆：《海参君蒋波：海参电商品牌的红利与挑战》，《新营销》2016 年第 12 期。

② 罗鹏程、陈喆：《海参君蒋波：海参电商品牌的红利与挑战》，《新营销》2016 年第 12 期。

电商的品牌化建设，而直播带货营销手段的广泛应用更是有效带动了各大平台海参电商品牌的规模化发展。目前，经过20多年的建设发展，中国海参企业在电商品牌建设方面已经取得长足进步，为中国海参及其制品的销售和推广做出积极贡献，但从整体来看，中国海参电商品牌建设目前依然存在以下问题。

（一）规模总量有限，发展进程缓慢

在日常生活中，海参及其制品的销售渠道通常是水产品批发市场、超市专柜、专卖店铺等。受购买能力的限制，海参及其制品的实际需求多集中于中高端收入群体、公务消费和节假日礼品消费市场。2012年12月以后，海参及其制品的公务消费明显下降，中高端收入群体和节假日礼品消费市场成为海参及其制品销售的主要对象，海参及其制品出现局部超量供给现象，于是普通大众消费市场开始受到海参经营者的关注，海参及其制品价格战爆发，干海参每公斤的降价幅度一般为1000～2000元，最高降价一度达到3000元。① 在此过程中，少部分海参电商品牌企业保持了较高的经营稳定性，但大多数无品牌或者品牌知名度较低的海参经营主体遭受了相当大的经济损失。综合而言，中国海参电商品牌建设工作整体进展缓慢，导致现阶段中国海参电商品牌规模总量有限。以淘宝为例，尽管2017年中央一号文件的发布带动了海参电商品牌的快速增长，但截至2022年5月31日，选择入驻淘宝的海参电商品牌店铺总量也只有2711家，而且仅有820家海参电商品牌店铺有实际销量，但是其中月均销量为0～100单的海参电商品牌店铺竟多达749家，尽管这个过程中叠加了新冠病毒感染疫情的影响，但由此还是不难看出当前中国海参电商品牌建设工作有待优化。

（二）品牌意识薄弱，运营能力不足

整体来讲，目前中国海参电商品牌化运营的层次和水平还处于起步阶段，除獐子岛、好当家、棒棰岛、晓芹等全国知名海参电商品牌之外，独具地方特色的海参电商品牌依旧相对缺乏。尽管东方海洋、老尹家、

① 卢昆、李帆、孙娟、Pierre Failler：《山东省海参资源开发评价与优化》，《中国海洋经济》2019年第2期。

宫品海参等众多区域知名品牌早已名声在外，但这些品牌在发展过程中存在产权保护意识薄弱的问题。虽然一些地区的海参品质优良，但品牌效应较弱，其海参产品仅能占据当地市场，很难延伸到外地。例如，山东海参电商品牌的市场地位和品牌知名度低于大连，全省层面缺乏有实力的跨区域海参电商品牌。此外，山东省老尹家、宫品海参等海参电商品牌的海参产品尽管品质优良，但是两家店铺受限于品牌运行能力不足，在淘宝的电商销售数据均不理想。与二者类似，当前许多海参电商品牌企业在塑造品牌的过程中，过于依赖线下模式和产品口碑，缺乏对海参电商品牌营销的正确认知和决策意识，导致消费者对海参电商品牌的认知度不高，海参电商品牌产品的销路不畅。

（三）店铺资质不高，品质差异较大

目前，现有的海参电商品牌店铺资质差异较大，店铺实际业务销量参差不齐，多数店铺名存实亡。从海参生产经营实践来看，南方的养殖海参往往经由山东、辽宁等地的海参厂商加工后销售到目标终端市场，但是在这个过程中通常并未进行严格的海参品质分级，往往仅是冠以某个知名海参电商品牌之名进行网络销售，导致海参电商品牌产品的质量参差不齐，不仅损害了消费者的利益和消费信任，也导致既有的知名海参电商品牌声誉受损。据不完全统计，在淘宝 820 家有实际销量的海参店铺中，旗舰店共有 240 家，专营店有 19 家，专卖店仅有 8 家，其余均为私人企业和散户经营的店铺，海参电商品牌店铺的数量仅占 32. 56% 。显然，如何提升海参电商品牌店铺的经营资质以及如何确保海参电商品牌产品的卓越品质已成为海参电商品牌建设成功与否的关键所在。

（四）监管力度不足，行业乱象丛生

目前，海参电商品牌运营在具体监管过程中还存在许多困难。实践中，海参养殖由渔业部门监管，海参加工环节由技术监督部门负责监管，海参及其制品流通销售环节则由工商部门负责监管，各部门虽然相互独立、各司其职，但也存在职能交叉、监管不到位问题。具体而言，在养殖环节，海参养殖户大多对养殖技术规范和标准的认知程度不高，渔业部门很难对广大分散的养殖户逐一监管，导致养殖过程中不规范用

药行为频发，给海参电商品牌产品的质量安全留下了隐患；在加工环节，技术监督部门通常对大型海参养殖企业进行不定期抽检，但很难对中小海参养殖企业和渔户的加工环节进行有效监管，导致海参加工环节加盐增胶等行业乱象丛生，客观上损害了消费海参电商品牌产品群体的经济利益和健康；在流通环节，工商部门侧重于对经营、流通许可证的监管，难以实施精细化检查，导致假冒伪劣海参冒用已有知名的海参电商品牌进行网络销售。毋庸置疑，未来海参电商品牌产品的成功经营和销售需要强化海参从养殖、加工到流通环节全产业链条的监管工作。

四　推进中国海参电商品牌建设的策略选择

（一）拓宽海参电商渠道，促进线上线下协同发展

借助物联网、大数据、人工智能、区块链等现代信息技术，积极创新海参电商营销方式，进一步拓宽海参电商营销渠道。在线上方面，借助微博、微信等社交媒体，及时进行海参及其制品的产品推送，充分利用淘宝、天猫、京东等电商平台和抖音、快手等直播平台进行线上直播，提升海参电商品牌的曝光度，增强目标消费者的品牌认同感，提高其忠诚度。另外，海参电商在做好品牌定位和细分目标市场的基础上，应积极利用线上反馈和评价信息动态提升自身经营服务的水平，以此维护用户的品牌忠诚度和提高自营海参及其制品的购买频率，同时还应借助电商平台的用户裂变效应，促进海参及其制品销售规模的快速扩大。在线下方面，通过举办各种海参及其制品的消费体验活动，提高目标消费者的兴趣和专注力，进而提高其到店消费的概率。最终，通过海参电商品牌产品的线上线下联动，促进海参电商品牌产品的产销两旺。

（二）强化海参品牌意识，提高电商品牌营运能力

良好的品牌建设有利于提升企业的社会声誉和树立良好的社会形象，持续强化海参电商市场经营的品牌意识，是确保海参电商不断开拓和抢占市场的出发点。实践中，一要鼓励海参电商企业从消费者的需求出发，寻找海参及其制品市场的突破口，制定合理的海参电商品牌发展规划，

重点支持企业从品牌名称、包装设计、品牌理念、品牌形象等方面全方位打造个性化海参电商品牌，在充分凸显自身海参产品优势和特点的同时，最大限度地满足目标消费者的个性化需求。二要积极与淘宝、京东、苏宁易购等电商平台合作，结合客户需求进行差异化定位，并举办有针对性的促销活动，最大限度地提升海参电商品牌产品的商品化率。三要加大宣传力度和市场推广力度，通过媒体传播、明星代言、行业展会等多种形式，全面实施多元化营销，最大限度地提升海参电商品牌的知名度和认可度。四要简化海参电商网页制作，以简单便捷为原则，方便消费者浏览以获取信息和进行线上采购，同时做好在线客服和消费者信息反馈管理工作，配以快捷优质的物流服务，最大限度地提高海参电商品牌产品的客户黏性和网站黏性。

（三）扶持海参电商经营，规范海参电商行业发展

出台海参电商专项帮扶政策，引导海参电商企业做大做强，规范海参电商行业健康发展。一要尽快出台规范海参等生鲜电子商务行业的法律法规，制定统一的海参质量等级标准，引导海参电商规范发展。二要鼓励线下海参生产经营企业坚持创新商业模式，引导它们加强与淘宝、京东等电商平台的业务合作，重点支持海参龙头企业尽快开展电子商务，为疫情防控常态化下的人群免疫力提升提供高品质的食材保证。三要对已入驻电商平台的海参企业加强引导，在强化海参电商企业属地监管和生产质量安全主体责任意识的同时，进一步完善海参电商市场行政执法工作，严格规范海参电商市场经营秩序，坚决抵制低价恶性竞争，杜绝假冒伪劣经营活动。四要加强海参电商协会建设，协助政府做好海参电商行业自律工作，进一步规范海参电商行业发展。充分发挥海参电商协会的服务、协调、监督、交流等功能，积极开展海参电商专营业务培训，配合行业管理部门制定海参电商品牌产品质量等级标准，宣传海参饮食文化，建立海参电商人才信息数据库，有效整合社会各方资源，尽快构建“海参企业 + 海参电商协会 + 参农 + 电商平台”的“四位一体”新型海参电商经营服务模式，以此促进中国海参资源开发过程中产销环节的有效衔接。

（四）强化数据追溯能力，做好海参品质全程监管

将大数据、物联网和人工智能等新一代信息技术嵌入海参电商品牌

产品供应链条的各个环节，通过扫描海参电商品牌产品代码，网购消费者可以即时获得海参电商品牌产品的生产、加工和流通环节的关键信息，最大限度地减少其采购海参电商品牌产品的顾虑。依托大数据分析技术，进行海参电商品牌产品生产经营数据采集、数据跟踪、信息检测和数据挖掘等工作，全面建立海参质量安全追溯体系，实现对海参电商品牌产品从生产到加工、从流通到销售环节的全流程质量监管，确保海参电商品牌产品的品质安全。充分发挥区块链的去中心化、开放性和不可篡改性等技术优势，将区块链技术嵌入海参电商销售平台以及海参电商品牌产品的流通环节，在满足不同市场各方群体实际需求的同时，可以有效平衡供需矛盾，推动海参电商平台更加高效稳定地发展。①

（五）强塑海参食材文化，讲好海参电商品牌故事

明确海参作为高端营养食材的文化定位，不断挖掘和提炼海参电商品牌的文化价值，持续赋予海参电商品牌鲜活的生命力。通过人文视角的深度挖掘和美化包装，讲述好海参电商品牌的系列故事，利用消费者的好奇心和对健康观念的专注力，提高消费者对海参电商品牌的认同感和满意度，打造海参电商品牌的消费烙印，提高海参电商品牌产品的客户黏性。② 实践中，可以选择建设海参文化博物馆来进一步弘扬海参食材文化，也可采取定期举办海参文化节、海参电商购物节等节庆活动，普及海参养殖、生产加工、营养功效、烹食方法等方面的专业知识，整理和推介海参电商品牌系列故事，不断丰富和提升海参电商品牌的文化内涵和市场价值，以此助力“十四五”期间中国海参电商品牌的持续快速发展。

---

① 李莹佳、李含伟：《基于区块链技术的水产品电商平台发展探析》，《物流工程与管理》2021 年第 7 期。

② 张铁梅：《关于“长海海参”品牌运营及推广的思考》，《商场现代化》2019 年第 10 期。

Study on the Evaluation and Promotion Strategy of Chinese Sea Cucumber E-commerce Brand

Lu Kun[1,2], *Zhang Qiang*[1], *Du Dongxiao*[1], *Pierre Failler*[2], *Wang Jian*[3]

(1. College of Management, Ocean University of China, Qingdao, Shandong, 266100, P. R. China; 2. Center for Blue Governance, Faculty of Business and Law, University of Portsmouth, Portsmouth, PO1 3DE, United Kingdom; 3. Marine Sciences Research Institute of Shandong Province, Qingdao, Shandong, 266104, P. R. China)

Abstract: Building a sea cucumber e-commerce brand can help consumers quickly locate their target sea cucumber products, and promote the effective connection between the production and marketing of sea cucumber. Based on combining with the analysis of the operation characteristics of Chinese sea cucumber e-commerce brand, this paper focuses on the problems existing in the building of sea cucumber e-commerce brand in China, such as the limited operation scale, the slow development process, the weak brand awareness, the insufficient operation capacity, the low store qualification, the large quality difference, the insufficient market supervision, the industry is in chaos, and so on. In order to promote the sustained and rapid development of China's sea cucumber e-commerce brand during the "14th five year plan" period, it is suggested to expand the channel of sea cucumber e-commerce and promote jointly online and offline development of sea cucumber industry, strengthen the brand awareness of sea cucumber operation and improve the operation ability of sea cucumber e-commerce brands, support the operation of sea cucumber e-commerce and standardize the development of sea cucumber e-commerce industry, strengthen the ability of data trace ability and enhance the whole process supervision of sea cucumber quality safety, strengthen the culture of sea cucumber ingredients and tell a good story of sea cucumber e-commerce brand.

Keywords: Sea Cucumber; E-commerce Brand; E-commerce Platform; Mariculture Farmer; Food Material Culture

（责任编辑：孙吉亭）

刺参种业高质量发展对策研究*

李成林　赵　斌　姚琳琳**

摘　要　刺参是重要的海水养殖品种，种业是刺参产业可持续发展的种质来源与物质基础。刺参种业发展和新品种的示范培育已取得重要效益，但刺参种业还存在本土种质资源保护不足、广域性和地域性品种欠缺、持续投入开发力度不足、缺乏现代化育种企业等问题。基于高质量发展理念，未来现代育种技术创新、突破性新品种开发、种质经济性状测评、种业企业培育、种业经营模式转变将成为刺参种业发展的主导方向，今后应加强本土刺参种质资源利用，加快新品种普及推广，推进育繁推一体化模式，促进种业创新成果转化，实施刺参苗种品牌战略，加强种业发展政策保障。

关键词　刺参　种业　水产新品种　苗种品牌　良种覆盖率

种业是现代农业基础性、战略性、前瞻性核心产业，是农业科技创

* 本文为山东省农业良种工程（项目编号：2020LZGC015）、山东省现代农业刺参产业技术体系建设项目（项目编号：SDAIT－22）、国家重点研发计划项目“蓝色粮仓科技创新”重点专项（项目编号：2018YFD0901602）的阶段性成果。

** 李成林（1964～），男，山东省海洋科学研究院研究员、山东省农业良种工程首席专家、山东省刺参产业技术体系首席专家兼育种岗位专家、山东省泰山产业领军人才，主要研究领域为海洋生物遗传育种、增养殖与产业化开发。赵斌（1980～），男，山东省海洋科学研究院副研究员，主要研究领域为水产遗传育种与增养殖。姚琳琳（1988～），女，博士，山东省海洋科学研究院助理研究员，主要研究领域为水产动物分子遗传学。

新的核心。2021 年中央一号文件指出："农业现代化，种子是基础。"2021 年 8 月，国家发展改革委、农业农村部联合印发了《"十四五"现代种业提升工程建设规划》，将打好种业翻身仗提上日程。水产种业是种业的重要组成部分，其作为水产养殖业的上游产业，为水产养殖业提供优质的种质来源与物质基础。

刺参（Apostichopus japonicus）是具有独特养生保健和生态环保作用的高值海水养殖品种，在 21 世纪初引领了国内第五次海水养殖浪潮。《中国渔业统计年鉴 2022》统计资料显示，2022 年中国刺参产量已达 22.3 万吨，养殖规模达 24.7 万公顷，苗种年产量为 601.2 亿头。刺参增养殖产业的高速发展，对刺参种业优质苗种培育提出更高要求。提升刺参产业良种覆盖率成为产业发展的必然方向，然而相对其他水产养殖品种，中国刺参养殖产业良种化程度仍然整体偏低，且存在重引种、轻本土现象。面向刺参产业高质量发展方向与需求，研究刺参种业高质量发展的关键路径与策略，提高刺参种业科技创新水平，对刺参产业可持续发展具有重要意义。

一　刺参种业发展现状

（一）国内外刺参种业研究工作

随着近年来消费市场需求的不断扩大，国外对发展海参产业日益重视，日本、韩国、墨西哥等国已经开始优先扶持发展海参养殖企业。在海参繁殖、育种和养殖领域，国外仅进行了一些人工孵化、与其他品种混养以及提取物成分的研究，近几年随着重视程度的不断提高，逐渐引入海参养殖技术，在海区环境适宜的地区开展了海参人工育苗及养殖技术的初步探索，而关于制种关键环节和领域的研究尚未开展。20 世纪 30 年代，日本率先进行了繁育技术研究，并于 80 年代与中国几乎同时突破了刺参的人工育苗技术。近年来，随着自然资源的减少和世界性消费需求的增加，海参的人工养殖研究在韩国、朝鲜、日本、越南、印度等国家相继开展，主要集中在刺参和糙海参（Holothuria scabra）的苗种繁育和增殖放流技术方面，但与中国相比，其人工养殖面积较小，产业化技术尚未成熟，未形成产业化规模。

国内自 20 世纪 50 年代起开展刺参繁殖生物学研究，70 年代取得人工育苗技术突破，80年代初在基础生物学、增养殖学、疾病控制等多个领域相继开展了一系列研究。张煜和刘永宏对中国刺参资源恢复和增殖途径进行过详细探讨①；隋锡林等率先开展了刺参亲参人工促熟与幼体室内培育技术的研究，确立了性腺发育至成熟期的有效积温、饵料投喂量、阴干诱导配子排放及幼体孵化培育等关键技术指标②。其后，学者陆续对刺参进行了生化遗传学、分子遗传学等方向的研究，从基因水平对刺参生长、发育和代谢规律进行了基础性研究。2017年，刺参全基因组精细参考图谱构建完成，为刺参经济性状解析、全基因组选择育种提供了坚实的理论基础。但由于刺参的遗传育种研究相对于其他经济水产生物开展得较晚，目前仍以选择育种和杂交育种为主，其他如分子辅助育种、基因组选择育种等核心育种技术研究尚处于初级阶段。

（二）刺参新品种培育情况

2003年以来，随着国家“863”计划以及农业良种工程等育种领域重点科研项目的实施，中国刺参原良种体系逐步形成，种质创制试验平台不断完善，育种创新理论和技术方法不断出现，为中国刺参产业的健康发展和新品种资源的挖掘利用打下了良好的基础。截至2022年，中国通过全国水产原种与良种审定委员会审定的刺参新品种有8个，新品种的示范培育已取得重要的生态和经济效益，对中国刺参产量和质量等方面的持续提升和发展也起到积极的推动作用。各新品种培育技术、基础群体、优势性状、育种单位等信息见表1。

表1　全国水产原种与良种审定委员会审定通过的刺参新品种

新品种名称	审定年份	品种登记号	育种技术	基础群体	优势性状	育种单位
水院1号	2009	GS-02-005-2009	杂交育种	大连庄河选育群体♀、俄罗斯远东群体♂	具有6排疣足且排列整齐，3龄参疣足数量可增加40%左右，达45个以上	大连水产学院、大连力源水产有限公司、大连太平洋海珍品有限公司

① 张煜、刘永宏：《国内、外刺参研究的回顾、进展及其资源增殖途径的探讨》，《海洋渔业》1984年第2期。

② 隋锡林、刘永襄、刘永峰、尚林保、胡庆明：《刺参生殖周期的研究》，《水产学报》1985年第4期。

续表

新品种名称	审定年份	品种登记号	育种技术	基础群体	优势性状	育种单位
崆峒岛1号	2015	GS-01-015-2014	群体选育	崆峒岛国家级刺参种质保护区中自然生长刺参繁育的子代	26 月龄参平均体重提高 190% 以上，体重变异系数降低	山东省海洋资源与环境研究院、烟台市崆峒岛实业有限公司、烟台市芝罘区渔业技术推广站、好当家集团有限公司
安源1号	2018	GS-01-014-2017	群体选育	刺参“水院 1 号”	24 月龄参平均体重较刺参“水院 1 号”提高 10.2%，疣足数量稳定在 45 个以上，平均提高 12.8%	山东安源水产股份有限公司、大连海洋大学
东科1号	2018	GS-01-015-2017	群体选育	山东烟台、青岛、日照 5 个刺参养殖群体	24 月龄参平均体重提高 23.2%，度夏成活率提高 13.6%	中国科学院海洋研究所、山东东方海洋科技股份有限公司
参优1号	2018	GS-01-016-2017	群体选育	中国大连、烟台、威海、青岛和日本北海道野生刺参群体	6 月龄刺参养成收获时体重平均提高 26.5%，抗灿烂弧菌侵染力平均提高 11.7%，成活率平均提高 23.5%	中国水产科学研究院黄海水产研究所、青岛瑞滋海珍品发展有限公司
鲁海1号	2019	GS-01-011-2018	群体选育	辽宁大连和山东威海、烟台、青岛、日照野生刺参群体	24 月龄刺参体重平均提高 24.8%，养殖成活率平均提高 23.5%	山东省海洋生物研究院、好当家集团有限公司
鲁海2号	2022	GS-01-013-2022	群体选育	山东丁字湾野生刺参群体	在盐度 16～34 的相同养殖条件下，24 月龄体重和成活率分别提高 22.5% 和 26.8%	山东省海洋科学研究院、山东黄河三角洲海洋科技有限公司、威海圣航水产科技有限公司
华春1号	2022	GS-01-014-2022	群体选育	山东崆峒岛、海阳、荣成和青岛胶南野生刺参群体	12 月龄 32℃下养殖 7 天成活率提高 33.3%；19 月龄成活率提高 49.5%，体重提高 29.0%	鲁东大学、山东华春渔业有限公司、山东省海洋资源与环境研究院、烟台海育海洋科技有限公司

资料来源：农业农村部公告 2010 年第 1339 号、2015 年第 2242 号、2018 年第 28 号、2019 年第 155 号和 2022 年第 578 号。

（三）刺参苗种产业现状

近年来，中国水产苗种产业持续快速发展，水产种业企业能力不断增强，通过国家级水产原良种场建设，进一步加强良种保种，完善了相关保种制度，强化了原良种场管理措施。在刺参产业领域，截至2022年，建成国家级原种场4个、良种场2个，分别为辽宁大连刺参原种场、山东威海刺参原种场、山东蓬莱刺参原种场、山东荣成刺参原种场，以及青岛西海岸刺参良种场和山东荣成刺参良种场。[①] 为深入实施水产种业企业扶优行动，逐步形成“破难题、补短板、强优势”企业阵型，2022年农业农村部遴选全国121家企业为国家水产种业阵型企业，其中刺参种业企业4家，均作为“强优势”阵型企业入选。[②] 刺参种业企业的规模化生产和组织化程度不断提高，带动了整个行业快速发展。

（四）刺参种业存在的主要问题

1. 片面注重引种杂交，本土种质资源保护不足

缺乏对刺参种业发展的引导，刺参育种生产理念落后，部分从业人员对本土原良种的认可度不高，育种单位多注重引进国外刺参品种，存在盲目引种、无序引种现象，忽视了引进品种对本土原种造成的影响，对本土优势经济原良种的种质保护、提纯复壮和选育工作仍然不足。在已通过国家审定的8个刺参新品种中，利用本土野生种质资源作为亲本来源的仅占一半，对本土种质资源的保护和利用依然任重道远。

2. 功能特色品种欠缺，复合良种种质创新不足

长期以来，刺参育种工作主要聚焦生产中优势经济性状，而对富含独特功能性成分或具有特殊表观特征的刺参品种开发进程缓慢，与之相关的品质性状及表观体色性状的评价与选育技术相对落后。此外，在异常气候常态化背景下，具有复合性状的新型刺参良种培育工作与选育技术仍有待跟进，能够应对多种不利环境、适宜大范围养殖的广域性品种

---

① 丁君、常亚青：《经济棘皮动物种质资源保护与利用研究进展》，《大连海洋大学学报》2020年第5期。

② 《农业农村部办公厅关于扶持国家种业阵型企业发展的通知》，http://www.zys.moa.gov.cn/gzdt/202208/t20220804_6406334.htm，最后访问日期：2022年8月13日。

开发不足，也缺乏适应特殊地理环境和拥有区位优势性状的地域性品种。

3. 新品种推广应用不足，配套养殖技术缺失

受到全球性气候变化影响，刺参产业迫切需要耐高温、耐低盐等具抗逆性状新品种（系）的推广应用，以提高产业应对极端气候风险的能力。新品种具有的特定抗逆性状可很好地应对极端气候变化带来的养殖风险，以及适应不同地域特殊养殖环境，但目前新品种推广应用空间仍然较大，同时与新品种配套的养殖关键技术未能有效开发与推广，导致新品种应用过程中无法充分提升养殖增产中的良种贡献率。

4. 持续投入开发力度小，现代化育种企业缺乏

新品种的培育、推广需要多年的连续攻关，是一个复杂的长期过程，单独的企业、科研单位都难以做到，刺参的生长周期为 2 ~ 3 年，对于选种、制种与育种群体的种质保存、维护而言属长期过程，极易受限于外部天气、生境、人力、物力和资金因素，对育种项目的支持力度和对育种企业、科研单位、相关技术与劳务人员等的激励力度尚待加大。

二　刺参种业高质量发展内涵

学界对高质量发展概念的界定，逐渐从单一维度发展为多个维度。①广义而言，高质量发展就是能够很好地满足人民日益增长的美好生活需要的发展，是能够体现新发展理念的发展，是创新成为第一动力、协调成为内生特点、绿色成为普遍形态、开放成为必由之路、共享成为根本目的的发展。②

刺参产业经过多年快速发展，逐步形成了育苗、养殖、增殖、加工、仓储、流通和销售等环节较为完整与稳定的全产业链体系，然而随着全球气候异常变化，常态化极端高温天气使国内刺参养殖业遭受重创，并伴随苗种质量、养殖技术与水环境、敌害与病害、饲料质量、现金流、产品市场等方面潜在的风险，这种相对稳定的产业体系遭遇新的挑战，传统发展模式不再满足刺参产业今后可持续发展需求。基于刺参产业发

① 王晓慧：《中国经济高质量发展研究》，博士学位论文，吉林大学，2019，第 16 页。

② 王昌林：《以推动高质量发展为主题》，《人民日报》2020 年 11 月 17 日，第 9 版。

展的现实基础，刺参种业高质量发展内涵就是要进一步确立刺参种质资源保护与开发利用的基础地位，以刺参种业的科技创新为发展核心原动力，积极促进传统良种选育工作与现代生物育种技术相结合，实现育种过程经济目标性状的精准与可控，深入实施种业企业扶优行动，有效提升种业企业选种、制种效率，坚持打造商业化育种模式，逐步引导优势资源向重点优势企业集聚，大幅提高刺参产业的良种覆盖率，最终实现刺参种业高质量发展。

三　刺参种业发展趋势

在刺参育种技术创新方面，相较畜禽和其他水产经济物种，刺参育种技术相对落后，传统育种技术中的选择育种和杂交育种在刺参新品种培育中仍占主导地位，特别是近年来的新品种育种技术基本属于选择育种。现代分子遗传学育种理论和生物技术的创新与发展，特别是近年来在生物基因组学技术领域取得的飞速发展，为了解经济性状的遗传基础和调控机理提供了可能，将传统育种学迅速带入分子育种学的新时代。全基因组选择育种等分子育种技术研究在刺参育种领域将进一步深入，今后相关研究将以刺参全基因组序列测序结果为依据，综合运用全基因组 GWAS 关联分析、数量性状 QTL 定位、细胞工程育种、基因编辑等技术，开展速生、抗逆、多刺、特殊功效因子富集等重要性状的分子标记筛选和遗传特征评估，通过进一步完善刺参育种技术与理论体系，全面提高制种效率与目标性状选育精准度。

在刺参突破性新品种开发方面，具有复合优势性状的刺参新品种开发将成为育种领域的重点工作。随着产业发展和消费市场需求的进一步融合，市场对同时具有速生、抗逆、多刺、表观独特的多种优势性状新品种的需求增加。选育出具有速生、抗逆、多刺、不同体色等复合优势性状的刺参新品种（系），可切实解决刺参产业发展的种质瓶颈问题。为开发多种优势性状复合的新品种，基于基因组选择与常规选育相结合的新品种创制和精准测评工作将逐步开展，通过刺参良种选育理论创新，建立传统育种和现代分子育种技术相结合的精准育种技术体系，可为突破性新品种开发提供有力技术支撑。

在刺参种质经济性状测评方面，随着新品种创制目标逐渐从单纯的生长、出皮率等单性状向综合抗逆、品质、体色等复合性状发展，经济性状测评和指标体系建立工作将面临更加艰巨与复杂的任务。今后对于刺参育种过程中的年龄判别以及体长、体重、类型、数量、体色等性状，将逐步建立起综合量化体系，完成定量与定性指标的整合测定，实现遗传性状准确测量技术的重大突破，向构建成熟、系统的刺参育种经济性状测评体系方向迈进。

在刺参种业企业培育方面，随着国家相关种业支持政策的出台，刺参育种企业作为种业创新的主体地位将不断强化，相关优势资源、高层次人才、创新技术等要素将向重点优势企业不断集聚。相关主管部门在政策引导下将优先鼓励具有产业带动效应、核心竞争力强的航母型领军企业和专业化平台企业快速发展，形成优势刺参种业企业集群，打造刺参种业振兴的骨干力量。

在刺参种业经营模式转变方面，刺参产业将进一步细化分工市场。刺参苗种产业的专业化和精准化生产将成为新趋势，订单式生产将成为参苗市场供应主流，经营模式转变将带来刺参种业生产中育苗周期、育苗时间和育苗方式上的一系列改变。同时，刺参种业企业将紧密结合国家相关战略，加大自主研发投入，推广自主品种品牌，提升在种业创新链和产业链中的位置和影响力，搭建刺参种业交流交易及成果转化平台，逐步形成商业化刺参育种体系。

四　刺参种业高质量发展建议

（一）加强本土种质资源利用

强化完善本土刺参种质资源收集保存、评价鉴定、创新利用技术体系，加快挖掘具有较高利用价值的功能基因，创制遗传稳定、目标性状突出、综合性状优良的新种质和育种材料。建立刺参基因型－表型数据库，搭建刺参种质资源共享服务平台，构建种质资源技术服务体系。加强刺参育种基础理论和重要性状遗传机理研究，重点突破刺参品质、产量、抗逆、资源高效利用等重要性状遗传机理与生物学机制。突破刺参优异种质利用新途径与新方法，创新分子标记、基因编辑、全基因组选择等生物育种关键技术，强化基于组学大数据与生物信息学的育种新技术，构建现代精准高效的刺参育种技术体系。

（二）加快刺参新品种普及推广

依托第一次全国水产养殖种质资源普查工作，全面掌握刺参种质资源种类、群体数量、区域分布、保护利用、特征特性及遗传结构等状况。以目前通过国家审定的刺参新品种为种质基础，扩大新品种示范辐射范围，多形式开展刺参新品种推广宣介，加大对新品种推广应用的扶持力度，重点研发与新品种配套的苗种繁育与健康养殖技术。利用获批新品种的不同优势性状，针对不同地区不同养殖环境定向选择适宜新品种。重点发掘利用适用于培育推广的刺参新品系，通过一系列新品种、新品系的开发利用，有效提升刺参良种覆盖率，提高良种在刺参养殖增产中的贡献率。

（三）推进育繁推一体化模式

完善现代保种育种体系，推动完善各级刺参原良种场建设，加快培育各级水产推广机构、示范基地和企业技术力量，培育具有国际竞争力的跨区域大型刺参种业龙头企业，建设和完善企业技术中心，提高技术创新能力。推进刺参种业创新联合体建设，联合具有科研实力、生产能力、市场规模、良好信誉的优势刺参种业企业，促进刺参种业企业规模跨主要产区的合理化拓展，打造刺参种业航母型企业，建立健全商业化育种体系。对接上下游主体加大自主研发投入，强化应用性、商业化创新，针对种质资源、功能基因、关键技术等进行组装集成，促进刺参种业突破性创新。加强“破难题、补短板、强优势”国家刺参种业企业阵型建设，推动刺参种业育繁推一体化发展，实现信息与资源共享，建立横向和纵向联合机制，构建现代水产种业体系，推动产业高质量发展。

（四）促进种业创新成果转化

开展科研院校与优势刺参种业企业合作，建立完善“种业领军企业＋科研团队＋育种企业”推广服务体系，推进刺参种业创新成果的产业化应用。充分发挥龙头企业的生产营销能力和示范引领作用，依托刺参育种领域最新研发成果，有效提升刺参苗种生产技术水平，完善种业企业种质保存、良种培育车间和生态养殖池塘的标准化、现代化配套设施，配备控温系统、水质监测以及机械化倒池、自动化投饲等高效生产设施，建立生态化、机械化、自动化的全方位种业生产管控体系，实现产业升级与提质增效。着力培养满足产业需求的高端育种人才，组建学科全面、结构合理、创新能力强的刺参现代种业高层次人才队伍，加强刺参育种相关技术信息交流与新品种宣传推广，推进国内刺参种质资源与科技创新要素交流共享。

（五）实施刺参苗种品牌战略

合力打造刺参区域公用品牌、地理标志产品和企业精品品牌，推进“胶东刺参”“辽参”“威海刺参”“烟台海参”“黄河口海参”等地域特色品牌的发展，加强推广宣传刺参“鲁海 1 号”、刺参“鲁海 2 号”、刺参“参优 1 号”等市场前景广、认同程度高的新品种，注重新品种（系）的育种与配套技术创新以及产品质量监管。加大品牌宣传力度，加快提升品牌形象，形成市场占有率高、竞争力强的名牌产品，实现品牌效应对产业链的有效渗透。给予推广应用取得重大成效的新品牌研发企业和团队奖励性支持。探索建立以财政资金无偿资助、资金入股为引导，带动企业跟进和金融、风投、基金等其他社会资本跟投等多元化投入模式。建立多元化投融资机制，鼓励社会资本参与种业保繁育推、种业基础设施和种业集聚区建设。

（六）加强种业发展政策保障

加强对公益基础类项目、优势特色种业创新项目、重大种业创新平台、优势骨干育种企业的政策和财政支持。扩建和完善水产种质资源库、水产种质资源保护区、水产原良种场，加强品种试验推广体系、品种展示评价推广体系、质量检测监管体系建设。加强对刺参种质创制、高效育种技术开发、突破性繁育技术研发的科技与财政支撑。鼓励刺参种业企业引进国内外高层次领军人才，加强国内外知名院所与种业企业的强强联合，对于企业的种业创新研发给予奖励补助，支持成立产业联盟从事种业研发创新，加强种业知识产权保护，建立水产新品种知识产权行政保护制度，加大对种业产学研结合的资金扶持力度。设立种业创新基金，对相关种业机构在保险、税收政策上给予保障。

Study on High-quality Development of Apostichopus Japonicus Seed Industry

Li Chenglin, Zhao Bin, Yao Linlin

(Marine Science Research Institute of Shandong Province, Qingdao, Shandong, 266104, P. R. China)

Abstract: Apostichopus japonicus is an important marine aquaculture species, and the seed industry is the germplasm source and material basis for the sustainable development. The development of the apostichopus japonicus seed industry and the demonstration and cultivation of new varieties have achieved important benefits. However, there are still problems in the seed industry of apostichopus japonicus such as insufficient protection of local germplasm resources, lack of wide and regional adaptability varieties, insufficient continuous investment and development, and lack of modern breeding enterprises. Based on the concept of high-quality development, innovating future modern breeding technology, developing breakthrough new varieties, evaluating the economic characteristics of germplasm, cultivating seed industry enterprises, and transforming and upgrading the seed industry business model will become the dominant direction for the development of the apostichopus japonicus seed industry. In the future, it is necessary to strengthen the innovative utilization of apostichopus japonicus native germplasm resources, speed up the popularization and promotion of new varieties, promote the integrated mode of breeding, breeding, and promotion, and promote the transformation of innovative achievements in the seed industry, implement the brand strategy of apostichopus japonicus seed and strengthen the policy guarantee for the development of the seed industry.

Keywords: Apostichopus Japonicus; Seed Industry; Fine Species for Aquaculture; Seedling Brand; Cultivar Coverage

（责任编辑：孙吉亭）

山东省沿海地区发展健康产业的思考

杨 洁*

摘 要　健康产业属于朝阳产业。通过振兴健康产业，可延伸带动其他相关产业的发展。本文首先论述山东省沿海地区发展健康产业的意义，认为健康产业发展一是时代所需，二是老龄化社会的迫切需求。在此基础上，本文分析了山东省发展健康产业的有利条件：在政策方面，山东省及其沿海地区颁布了多个规划；在资源优势方面，拥有优美的生态环境、适合康养的自然条件等。最后提出山东省发展健康产业的对策，一是重视健康教育，二是充分利用海洋资源，三是发展多元化健康服务，四是推动产业融合发展，五是努力培养健康产业人才。

关键词　朝阳产业　健康产业　人口老龄化　海洋资源　健康教育

伴随中国人口老龄化进程的加快，健康服务业得到蓬勃快速发展。根据第七次全国人口普查数据，山东省人口总量位居全国第二。山东省人口老龄化特点明显，主要是老年人口规模庞大、老龄化进程加快和未来老龄化趋势将进一步加深三个特点。① 在世界经济体系中，健康产业

* 杨洁（1981～），女，青岛博海医疗咨询管理有限责任公司李沧博海医院院长，主要研究领域为医学、健康学。

① 《十年间山东人口变在何处?》，http://www.shandong.gov.cn/art/2021/5/22/art_97904_414427.html，最后访问日期：2022 年 6 月 20 日。

属于朝阳产业，比尔·盖茨认为其是“未来能超越信息产业的重点产业”。[①] 因此研究健康产业的发展，以及通过振兴健康产业延伸带动其他相关产业的发展，意义十分重大。

一 发展健康产业的意义

（一）发展健康产业是时代所需

党的十七大报告指出：“健康是人全面发展的基础，关系千家万户幸福。”[②] 党的十八届五中全会首次提出推进健康中国建设的伟大宏图。[③] 2016 年 8 月，在全国卫生与健康大会上中共中央总书记、国家主席、中央军委主席习近平指出：“没有全民健康，就没有全面小康。要把人民健康放在优先发展的战略地位，以普及健康生活、优化健康服务、完善健康保障、建设健康环境、发展健康产业为重点，加快推进健康中国建设，努力全方位、全周期保障人民健康，为实现‘两个一百年’奋斗目标、实现中华民族伟大复兴的中国梦打下坚实健康基础。”[④]

健康是促进人的全面发展的必然要求，是经济社会发展的基础条件。健康关乎千家万户，小到每个家庭的幸福快乐，大到国家的兴旺和民族的振兴都与此息息相关。世界卫生组织认为，个人行为与生活方式极大地影响着健康，影响度可达 60%。[⑤] 发展健康产业，改善广大人民群众的健康条件，对提高健康水平、增强健康观念具有巨大的作用和意义。

---

① 戎良：《海洋健康产业：舟山需做大做强的优势产业》，《浙江经济》2014 年第 15 期。

② 《用全民健康托起全面小康》，http://health.people.com.cn/n1/2016/0923/c398004-28734854.html，最后访问日期：2022 年 6 月 20 日。

③ 《用全民健康托起全面小康》，http://health.people.com.cn/n1/2016/0923/c398004-28734854.html，最后访问日期：2022 年 6 月 20 日。

④ 《习近平：把人民健康放在优先发展战略地位》，http://www.xinhuanet.com/politics/2016-08/20/c_1119425802.htm，最后访问日期：2022 年 6 月 20 日。

⑤ 《健康中国行动（2019—2030 年）》，http://www.gov.cn/xinwen/2019-07/15/content_5409694.htm，最后访问日期：2022 年 6 月 20 日。

（二）发展健康产业是老龄化社会的迫切需求

山东省是全国人口过亿的两个省份之一，老龄化程度不断提升（见表 1、表 2、表 3）。

表 1　2020 年山东省 60 岁及以上老年人口情况

指标	数值
总量（万人）	2122.10
占全省常住人口比重（%）	20.90
占全国 60 岁及以上人口比重（%）	8.04

资料来源：《十年间山东人口变在何处?》，http://www.shandong.gov.cn/art/2021/5/22/art_97904_414427.html，最后访问日期：2022 年 6 月 20 日。

表 2　2020 年山东省 65 岁及以上老年人口情况

指标	数值
总量（万人）	1536.40
占全省常住人口比重（%）	15.13
占全国 65 岁及以上人口比重（%）	8.06

资料来源：《十年间山东人口变在何处?》，http://www.shandong.gov.cn/art/2021/5/22/art_97904_414427.html，最后访问日期：2022 年 6 月 20 日。

表 3　2020 年山东省老年人口比 2010 年增加情况

指标	2020 年比 2010 年增加值
60 岁及以上人口增加（万人）	709.00
65 岁及以上人口增加（万人）	593.40
80 岁及以上人口增加（万人）	100.89
60 岁及以上人口占全省常住人口的比例提高（个百分点）	6.15
65 岁及以上人口占全省常住人口的比例提高（个百分点）	5.29

资料来源：《十年间山东人口变在何处?》，http://www.shandong.gov.cn/art/2021/5/22/art_97904_414427.html，最后访问日期：2022 年 6 月 20 日。

未来几年，山东省将有大量人口步入老年行列，因而老龄化问题将会进一步凸显（见表 4）。

表 4　2020 年山东省 50～59 岁年龄组人口情况

指标	数值
50～59 岁年龄组人口数（万人）	1691.0
55～59 岁年龄组人口数（万人）	776.6

资料来源：《十年间山东人口变在何处?》，http://www.shandong.gov.cn/art/2021/5/22/art_97904_414427.html，最后访问日期：2022 年 6 月 20 日。

山东省沿海地区更面临着人口老龄化的问题。例如，青岛是全国老龄化发展速度快、基数大、程度高、老龄化态势突出的城市之一。① 根据第七次全国人口普查，在全国 15 个新一线城市中，青岛人口增量排名第六，在北方城市中排名第二（西安排名第一）；② 青岛 60 岁以上的老年常住人口达 204 万，占常住人口的比例超 20%，青岛每年有 5 万多人口进入老龄化，80 岁以上的老年人有将近 30 万；③ 而威海市老龄化率已达到 27.3%；④ 截至 2021 年底，潍坊市 60 岁以上老年人达 204.3 万，占总人口的 21.77%。⑤

因此在老龄化问题未出现之时重点关注，及时发展健康产业，使老年人老有所养、老有所乐、健康快乐生活，具有非常重要的意义。

① 《6 个副省级城市入选！青岛入选全国积极应对人口老龄化重点联系城市》，https://baijiahao.baidu.com/s? id=1737780255828927149&wfr=spider&for=pc，最后访问日期：2022 年 7 月 10 日。

② 《人口增量青岛第一！西海岸新区楼市迎来新机遇》，https://baijiahao.baidu.com/s? id=1730678968696956142&wfr=spider&for=pc，最后访问日期：2022 年 6 月 17 日。

③ 《6 个副省级城市入选！青岛入选全国积极应对人口老龄化重点联系城市》，https://baijiahao.baidu.com/s? id=1737780255828927149&wfr=spider&for=pc，最后访问日期：2022 年 7 月 10 日。

④ 《威海出台〈“十四五”养老服务体系规划〉，聚焦高龄、失能老人》，https://baijiahao.baidu.com/s? id=1730641942579625844&wfr=spider&for=pc，最后访问日期：2022 年 7 月 10 日。

⑤ 《为了 200 万老年人的幸福生活，潍坊这么干》，https://baijiahao.baidu.com/s? id=1731302921499690030&wfr=spider&for=pc，最后访问日期：2022 年 7 月 10 日。

二　山东省发展健康产业的有利条件

（一）政策优势

服务业作为国家经济发展的新兴产业，在经济增长中的作用不断提升，其发展水平是衡量一个国家生产社会化程度和市场经济发展水平的重要标志，一些发达国家的服务业产值已超过国内生产总值的 70%。据统计，在全球 169 个国家中，2018 年服务业增加值占 GDP 的比重超过 50% 的国家有 116 个，由此表明服务业已成为多数国家国民经济发展的主要促进力量。① 其中部分国家的服务业增加值占 GDP 的比重见图 1。党和国家都非常重视健康产业的发展，山东省出台了一系列鼓励健康产业发展的规划和政策，极大地促进了山东省健康产业的发展。

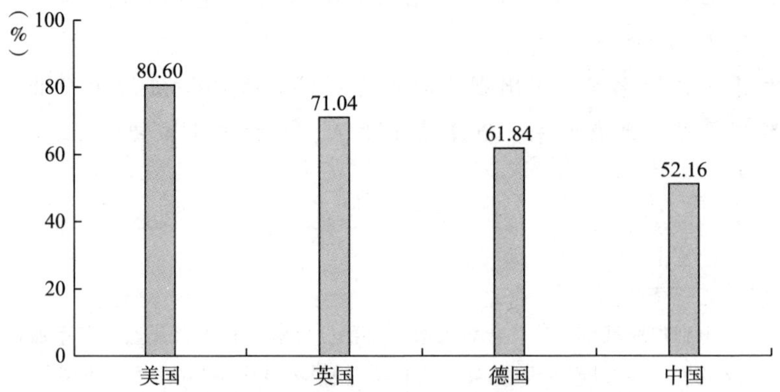

图 1　2018 年部分国家服务业增加值占 GDP 的比重

资料来源：戴李《世界主要国家现代服务业的发展及对我国的启示》，《江苏商论》2021 年第 5 期。

1. 山东省颁布了一系列鼓励发展健康产业的规划与政策

2017 年 12 月，山东省印发了《“健康山东 2030”规划纲要》②，以

① 戴李：《世界主要国家现代服务业的发展及对我国的启示》，《江苏商论》2021 年第 5 期。

② 《山东举行解读〈“健康山东 2030”规划纲要〉发布会》，http://www.scio.gov.cn/xwfbh/gssxwfbh/xwfbh/shandong/Document/1625945/1625945.htm，最后访问日期：2022 年 6 月 25 日。

全面推进健康山东建设。《“健康山东2030”规划纲要》提出2020年和2030年的战略目标。其中，2030年要具体实现健康水平显著提升、健康行为全面普及等目标（见图2）。

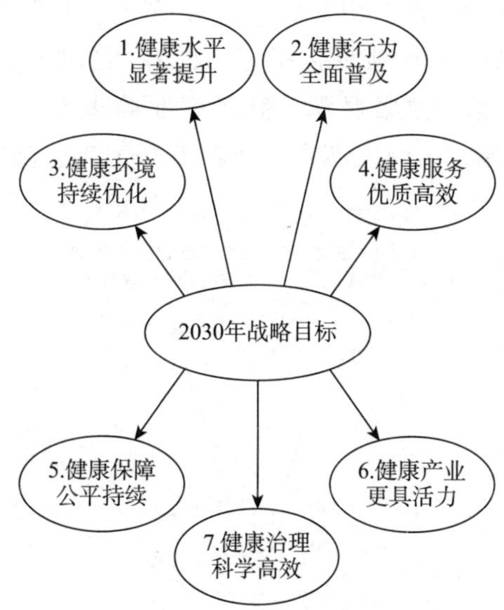

图2 《“健康山东2030”规划纲要》2030年战略目标

资料来源：《省委、省政府印发〈“健康山东2030”规划纲要〉》，http://news.iqilu.com/shandong/yaowen/2018/0211/3836330.shtml，最后访问日期：2022年6月20日。

除此之外，山东省又于2018年出台了《山东省医养健康产业发展规划（2018—2022年）》①，2021年出台了《山东省“十四五”养老服务体系规划》②，2022年出台了《医养健康产业2022年行动计划》③。

2. 沿海各地纷纷出台相关的规划与政策

山东省沿海各地十分重视人民健康事业，纷纷出台关于健康的行动

① 《解读〈山东省医养健康产业发展规划（2018—2022年）〉》，http://www.pingdu.gov.cn/n6865/n6867/n6873/n6887/n6930/191212084559371514.html，最后访问日期：2022年6月10日。

② 《山东省人民政府办公厅关于印发山东省“十四五”养老服务体系规划的通知》，http://www.shandong.gov.cn/art/2021/9/18/art_100623_39146.html?from=singlemessage，最后访问日期：2022年3月30日。

③ 《山东发布医养健康产业2022年行动计划》，http://www.sdzdxm.com/index/index/zixunshow/id/14337.html，最后访问日期：2022年6月10日。

方案、医养健康产业发展规划，也对“十四五”期间卫生健康工作制定了规划。例如，2018 年青岛市发布了《“健康青岛 2030”行动方案》，该方案将人民健康水平持续提升等五项具体目标作为 2030 年的战略目标（见图 3）。2021 年青岛市组织开展了《青岛市“十四五”卫生健康发展规划》，该规划设置了 26 项量化指标，内容涵盖健康水平、健康生活、健康服务、健康资源、健康保障、健康产业等多个方面。[①] 2022 年东营市、烟台市也分别制定了《东营市“十四五”卫生与健康规划》[②] 和《烟

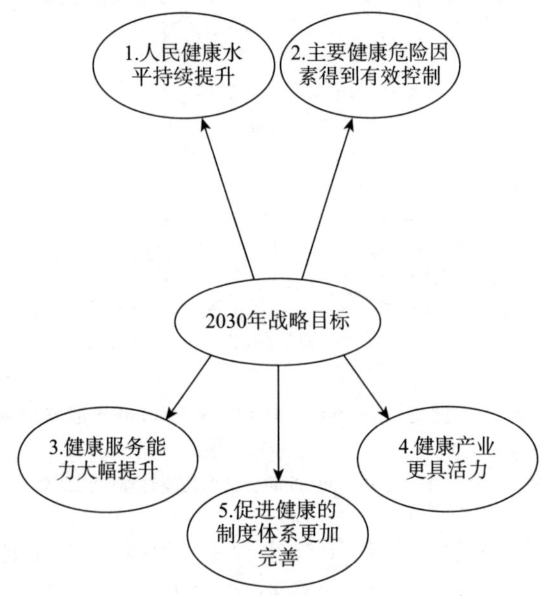

图 3 《“健康青岛 2030”行动方案》2030 年战略目标

资料来源：《关于印发〈“健康青岛 2030”行动方案〉的通知》，http://m.qingdao.gov.cn/n172/n68422/n68423/n31283842/180928105005273265.html，最后访问日期：2022 年 6 月 20 日。

① 《青岛发布“十四五”卫生健康规划，人均期望寿命 81.80 岁》，https://baijiahao.baidu.com/s?id=1716194738558986920&wfr=spider&for=pc，最后访问日期：2022 年 6 月 21 日。

② 《东营市政府印发〈东营市“十四五”卫生与健康规划〉》，https://baijiahao.baidu.com/s?id=1721910956763305815&wfr=spider&for=pc，最后访问日期：2022 年 6 月 21 日。

台市“十四五”卫生与健康规划》①。2020年潍坊市印发了《健康潍坊健康知识普及行动（2020—2022年）》等15项健康潍坊行动三年计划，统称为《健康潍坊行动（2020—2022年）》。② 在《威海市医疗卫生与养老服务相结合发展规划（2022—2024年）》中，威海市提出2024年医养结合发展的预期指标（见图4）。滨州市先后发布了《健康滨州“2030”

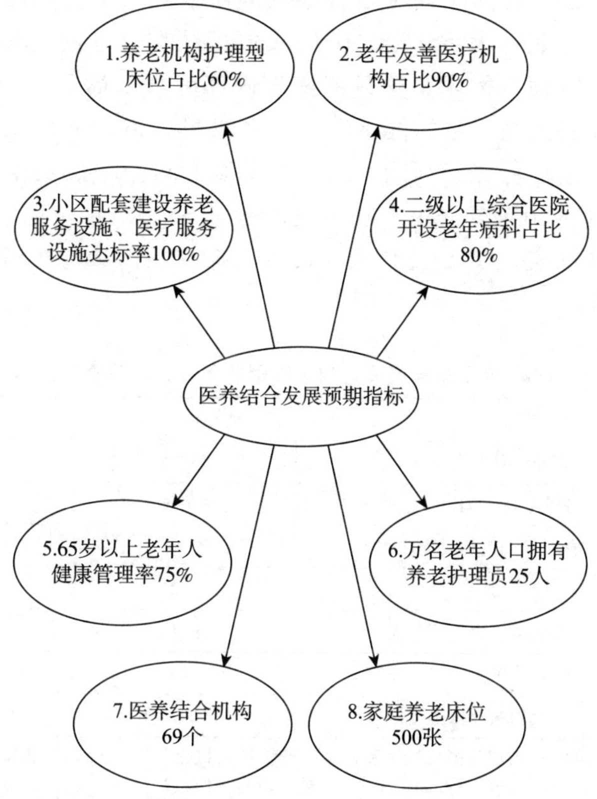

图4 2024年威海市医养结合发展的预期指标

资料来源：《关于印发〈威海市医疗卫生与养老服务相结合发展规划（2022—2024年）〉的通知》，http://www.weihai.gov.cn/art/2022/1/14/art_80789_2791099.html，最后访问日期：2022年3月20日。

---

① 《文字解读丨烟台市“十四五”卫生与健康规划》，http://www.yantai.gov.cn/art/2022/1/14/art_43370_2969350.html，最后访问日期：2022年6月21日。

② 《关于印发〈健康潍坊行动（2020—2022年）〉的通知》，http://wsjkw.weifang.gov.cn/ywzt/xxhjs/202010/t20201030_5728519.htm，最后访问日期：2022年6月21日。

规划纲要》《健康滨州行动（2020—2022 年）》等文件，提出 15 项专项行动和 118 项监测指标。①

（二）经济优势

根据马斯洛的需求层次理论，人们的需求由低到高可分成七个层次，其中最低的层次只是为了满足自身的生理需求和安全需求而已，并且可以依靠外部条件获得满足；第二个层次包括社交、尊重、求知、审美和自我实现五个方面的需求，这只能依靠内部因素来满足。② 随着经济收入的提高，需要更高质量的健康产业与之匹配。2021 年山东省经济发展稳中向好，就业形势好于预期，物价水平温和可控，居民生活质量稳步提升。2021 年，山东省居民人均可支配收入 35705 元，居民人均消费支出 22821 元（见表 5）。因此广大人民群众拥有积极参与健康产业的经济基础。

表 5　2021 年山东省居民人均可支配收入、人均消费支出情况

指标		绝对量（元）	比上年增长（%）
人均可支配收入		35705	8.6
其中	城镇居民人均可支配收入	47066	7.6
	农村居民人均可支配收入	20794	10.9
人均消费支出		22821	9.0
其中	城镇居民人均消费支出	29314	7.4
	农村居民人均消费支出	14299	12.9
	人均医疗保健支出	2016	5.3

资料来源：《2021 年山东省国民经济和社会发展统计公报出炉》，https://baijiahao.baidu.com/s?id=1726117246082729853&wfr=spider&for=pc，最后访问日期：2022 年 6 月 20 日。

（三）资源优势

山东省人杰地灵，资源丰富，拥有发展健康产业的多种资源。

① 《滨州市被全国爱卫办命名为各省份健康城市建设“样板市”，为山东省唯一入选城市》，https://baijiahao.baidu.com/s?id=1720973669087108045&wfr=spider&for=pc，最后访问日期：2022 年 6 月 21 日。

② 林应龙：《海南健康旅游的市场研究》，硕士学位论文，海南热带海洋学院，2018，第 12 页。

1. 优美的生态环境

（1）山东省生态环境持续改善

2021 年，山东省生态环境持续改善，达到有监测记录以来的最好水平，具有发展健康产业的良好基础（见图 5）。

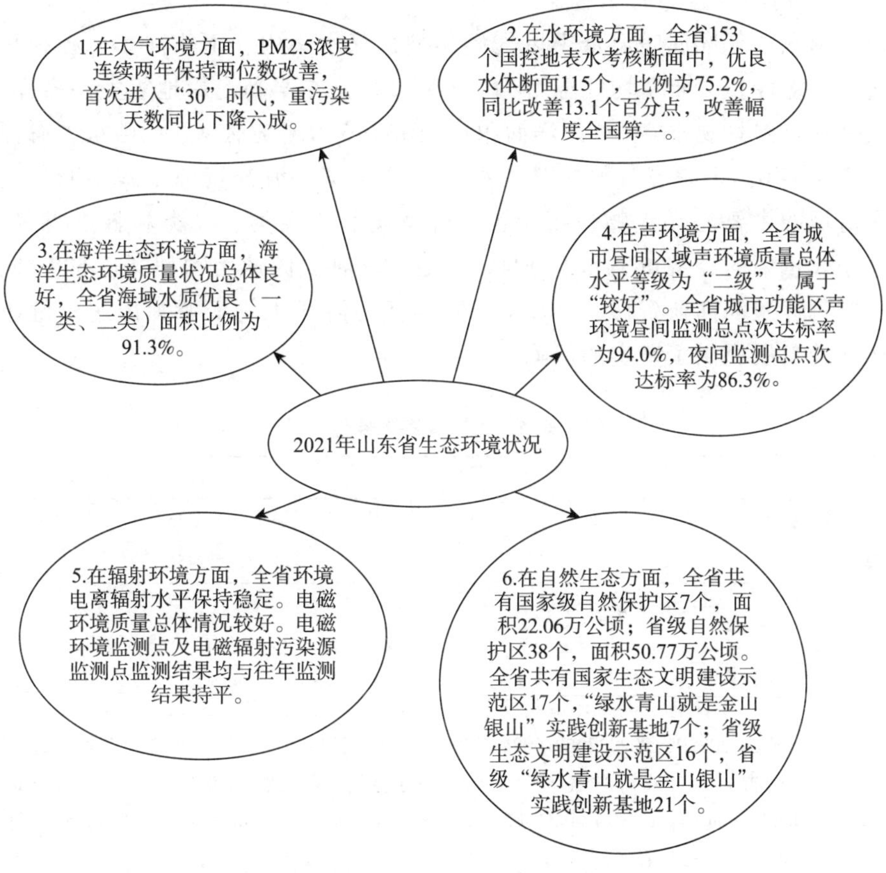

2021年山东省生态环境状况

1.在大气环境方面，PM2.5浓度连续两年保持两位数改善，首次进入“30”时代，重污染天数同比下降六成。

2.在水环境方面，全省153个国控地表水考核断面中，优良水体断面115个，比例为75.2%，同比改善13.1个百分点，改善幅度全国第一。

3.在海洋生态环境方面，海洋生态环境质量状况总体良好，全省海域水质优良（一类、二类）面积比例为91.3%。

4.在声环境方面，全省城市昼间区域声环境质量总体水平等级为“二级”，属于“较好”。全省城市功能区声环境昼间监测总点次达标率为94.0%，夜间监测总点次达标率为86.3%。

5.在辐射环境方面，全省环境电离辐射水平保持稳定。电磁环境质量总体情况较好。电磁环境监测点及电磁辐射污染源监测点监测结果均与往年监测结果持平。

6.在自然生态方面，全省共有国家级自然保护区7个，面积22.06万公顷；省级自然保护区38个，面积50.77万公顷。全省共有国家生态文明建设示范区17个，“绿水青山就是金山银山”实践创新基地7个；省级生态文明建设示范区16个，省级“绿水青山就是金山银山”实践创新基地21个。

图 5　2021 年山东省生态环境状况相关数据

资料来源：《〈2021 年山东省生态环境状况公报〉发布　重污染天数同比下降六成》，https://baijiahao.baidu.com/s?id=1734875118659071760&wfr=spider&for=pc，最后访问日期：2022 年 6 月 20 日。

（2）沿海各地海洋生态环境总体良好

海洋保护，生态先行，山东沿海地区努力建设“美丽海湾”，海洋生态环境状况稳中趋好。例如，2021 年，青岛市近岸海域水质状况总体良好，海水水质优良面积（一类、二类）比例达到 99.0%，海洋生态环境持续改善。[①] 威海市坚持陆海统筹和系统治理，提升群众临海亲海获得感、幸福感。2021 年，威海近岸海域水质优良面积比例达 100%，居全省第一。[②] 滨州市近岸海域水质优良面积比例达 88.9%，超额完成年度目标 17.4%。[③]

2. 物产丰富的海洋资源

山东的气候属暖温带季风气候类型，降水集中，雨热同季，春秋短暂，冬夏较长，年平均气温为 11～14℃。[④] 山东半岛海岸地貌类型多样，人文和自然景观丰富。[⑤] 海洋面积达到 15.96 万平方公里。[⑥] 山东省海洋条件见表 6。山东省气候条件良好，物产丰富，海洋资源丰富多彩。山东海域的主要海洋生物包括鱼类、虾蟹类、头足类、贝类和棘皮类等，其中较重要的经济鱼类和无脊椎动物近 109 种，游泳生物种类达 527 种，可进行养殖的渔业资源达 602 种。[⑦] 丰富的海洋生物资源为山东省健康产业的发展提供了坚实的保障。

表 6　山东省海洋条件

指标	数值
海岸线（公里）	3345
海岛（个）	456

① 《2021 年青岛市生态环境状况公报》，http://www.qingdao.gov.cn/zwgk/zdgk/tjsj/hjzkgb/202206/P020220601608413683721.pdf，最后访问日期：2022 年 7 月 9 日。

② 《全省第一！威海“气质”连续六年达到国家二级标准》，https://baijiahao.baidu.com/s? id = 1734931302032203543&wfr = spider&for = pc，最后访问日期：2022 年 7 月 9 日。

③ 《回眸 2021！滨州市生态环境保护十件大事》，https://baijiahao.baidu.com/s? id = 1721336851881820903&wfr = spider&for = pc，最后访问日期：2022 年 6 月 9 日。

④ 《地理资源》，http://www.shandong.gov.cn/art/2022/3/11/art_98093_206404.html，最后访问日期：2022 年 6 月 9 日。

⑤ 毕廷延：《山东省的海洋资源及其发展对策》，智能信息技术应用学会会议论文集，2013，第 419～424 页。

⑥ 《地理资源》，http://www.shandong.gov.cn/art/2022/3/11/art_98093_206404.html，最后访问日期：2022 年 6 月 9 日。

⑦ 汪帆：《山东省海洋生物医药业可持续发展模式研究》，硕士学位论文，中国海洋大学，2014，第 22 页。

续表

指标	数值
海岛总面积（平方公里）	111.22
海岛岸线（公里）	561.44
海湾面积（平方公里）	8139
潮间带滩涂面积（平方公里）	4395
负20米浅海面积（平方公里）	29731

资料来源：《地理资源》，http://www.shandong.gov.cn/art/2022/3/11/art_98093_206404.html，最后访问日期：2022年6月9日。

（四）产业优势

1. 山东省形成“雁阵形”医养健康产业群

医养健康产业是山东省实施新旧动能转换的十大产业之一以及重点发展的五大新兴产业之一，已形成济南、青岛、烟台、威海、临沂、菏泽六大“雁阵形”医养健康产业群，已具有规模效应，医养结合工作领先全国。①

2. 沿海地区医养健康产业发展“如火如荼”

沿海各地都在紧锣密鼓地发展医养健康产业。例如，近年来，青岛加速推进生态健康城市建设，健康产业正在蓬勃发展。2020年，青岛医养健康产业增加值达到595.62亿元。② 青岛西海岸新区先后与中国健康管理协会、全国卫生产业企业管理协会成功签订战略合作协议，并引进青岛市妇女儿童医院、北京鲲海脑机、健康管理协会研究院、爱尔眼科医院等入驻新区。③ 东营市深入推进医养结合，2021年全市医养健康产

---

① 《山东十强产业巡礼·医养健康篇丨山东医养健康产业全面起势　产业增加值达4600亿元》，https://baijiahao.baidu.com/s?id=1676807711670389477&wfr=spider&for=pc，最后访问日期：2022年6月14日。

② 《去年医养健康产业增加值达595.62亿！青岛大健康产业发展“如火如荼”》，https://sd.dzwww.com/sdnews/202106/t20210604_8583978.htm，最后访问日期：2022年6月14日。

③ 《筑巢引凤！青岛西海岸新区医养健康产业“双招双引”工作持续发力》，https://baijiahao.baidu.com/s?id=1682503364276497704&wfr=spider&for=pc，最后访问日期：2022年6月5日。

业增加值99.3亿元，增速17.69%，居全省第一位。[①] 烟台市突出发展医疗服务、健康养老等九大板块，生物医药产业入选全国首批战略性新兴产业集群，医药健康产业纳入全省首批“十强”产业“雁阵形”集群库。[②] 潍坊市的“潍坊市医养健康产业集群”入围2021年度山东省“十强”产业“雁阵形”集群名单。[③] 威海市2020年医养健康产业增加值413.05亿元，占GDP的比重达到13.69%，已成为全市国民经济的重要支柱产业。[④] 日照市成功创建国家首批中医药健康旅游示范区，国家级优质中药材生产基地生机勃勃。[⑤] 滨州市在医养结合服务能力、机构医养结合资源供给等方面创新发展。[⑥] 截至2021年底，滨州市是全省唯一的全国养老服务业综合改革试点城市、全国居家和社区基本养老服务提升行动试点城市、全省养老服务创新示范区的“双试点一示范”城市。[⑦]

三　山东省发展健康产业的对策

（一）重视健康教育

通过广播、电视、报纸、杂志、音像制品、宣传栏等传统媒体，以及微信、抖音等众多新媒体，全面宣传、推广、普及医养健康科学知识，

① 《创新突破看山东·卫生健康篇丨东营2021年全市医养健康产业增值超99亿元，居全省第一》，https://sghexport.shobserver.com/html/baijiahao/2022/07/08/792286.html，最后访问日期：2022年7月8日。

② 《探索医养结合“烟台路径”》，https://sd.ifeng.com/c/8IQ4MdG9S3U，最后访问日期：2022年6月14日。

③ 《潍坊市医养健康产业集群入围省“十强”产业“雁阵形”集群》，http://www.weifang.gov.cn/ywdt/wfyw/202112/t20211206_5987746.html，最后访问日期：2022年6月14日。

④ 《关于全市大健康产业发展情况的调研报告》，http://www.weihairenda.gov.cn/art/2021/9/17/art_3749_2674533.html，最后访问日期：2022年6月14日。

⑤ 《“链”上日照：借“链长制”东风驶向生命健康新蓝海》，https://view.inews.qq.com/a/20220816A082DB00，最后访问日期：2022年8月16日。

⑥ 《走在前　开新局丨滨州：打造全国特色医养健康产业高地》，http://news.sohu.com/a/577575403_121227836，最后访问日期：2022年8月17日。

⑦ 《滨州市医养健康产业创新蝶变》，https://baijiahao.baidu.com/s?id=1737532596904651030&wfr=spider&for=pc，最后访问日期：2022年7月17日。

倡导积极健康的生活方式，不断提高居民健康素养。深入发掘中国以及山东省的传统健康养生方法，深入研究食疗在健康养生方面的作用和具体的配方。除食疗外，还要向广大人民群众宣传运动以及培养良好生活习惯的重要性。

（二）充分利用海洋资源

山东省沿海地区无论在地理位置还是海洋自然资源方面，都具有显著的健康产业发展优势。要利用新媒体和互联网技术大力宣传“康养+医疗”的康养模式，将这些相对成熟的健康产业打造成山东省沿海地区健康产业一流品牌。要充分利用山东沿海各地丰富的海洋资源，打造一批富有特色的康养基地。例如利用海洋牧场、休闲渔业、渔家乐等资源，打造滨海疗养中心、特殊治疗中心等。

（三）发展多元化健康服务

鼓励社会资本积极投入健康产业，大力发展健康体检、专业护理、心理健康、母婴照料和残疾人护理等多种健康行业。除了大力培植本地康养企业发展之外，还应积极引进国内外知名专业健康管理机构，以推动本地康养企业提升到更高层次。积极开展健康筛选咨询、未病管理与疾病治疗等健康管理服务，发展以健康风险管理为核心的新型企业和组织，对于对人体健康构成风险的高危因素早发现、早干预、早防范，从而使人们远离疾病或者摆脱亚健康的状态。

（四）推动产业融合发展

在健康产业发展中，要把康养与文化、教育、家政服务、医疗、旅游、商业等行业融合起来，形成一批产业链条长、带动力强、经济社会效益好的龙头企业和产业集群。

（五）努力培养健康产业人才

发展高质量的健康产业，离不开高水平的人才。因为健康产业具有复合性，所以需要来自不同专业的人才，既需要拥有科研能力、医疗技术以及护理知识的专业人才，也需要能对健康产业进行科学规划、经营运作的高层次管理人才，还需要健康产业中提供具体护理服务的人才。

培养健康产业人才，既要在专业院校里进行专业培养，也要在工作中进行岗位培训，并把优秀人员输送到专业院校进行更高层次的培训。对人才合理的使用是培养人才全过程的最高阶段。应该努力为人才搭建优秀的平台，以便于他们施展才华，从而增强健康产业企业的凝聚力，促进健康产业高质量发展。

Thoughts on the Development of Health Industry in Shandong Coastal Area

Yang Jie

(Licang Bohai Hospital, Qingdao Bohai Medical Consulting Management Co. , LTD. , Qingdao, 266199, Shandong, P. R. China)

Abstract: Health industry is a sunrise industry. By revitalizing the health industry, it will promote the development of other related industries. This paper first discusses the significance of the development of health industry in coastal areas of Shandong Province, and holds that the development of health industry is the need of The Times and the urgent need of the aging situation. On this basis, the favorable conditions for the development of health industry in coastal areas of Shandong Province are analyzed. In terms of policy, Shandong Province and coastal areas have issued a number of plans. In terms of resource advantages, it includes beautiful ecological environment and natural conditions suitable for health. The countermeasures of health industry development in Shandong Province are put forward: firstly, pay attention to health education. Secondly, make full use of marine resources. Thirdly, develop diversified health services. Fourthly, promote the integrated development of industries, and fifthly, make efforts to train health industry talents.

Keywords: Sunrise Industry; Health Industry; Population Aging; Marine Resources; Health Education

（责任编辑：孙吉亭）

海洋经济发展示范区港口建设水平分析及未来趋势预测

黄冲 张凯*

摘 要： 海洋经济发展示范区对于中国海洋经济高质量发展具有重要的现实意义，港口建设是海洋经济发展示范区新旧动能转换、海洋产业升级和对外贸易的主要实现途径。分析预测港口的建设水平和发展趋势对于完成海洋经济发展示范区的目标定位具有重要的现实意义。本文通过货物吞吐量表征港口建设水平，建立分数阶灰色模型作为预测途径，以三大海洋经济圈划分示范区类别，对"十四五"期间的示范区港口进行了讨论分析。研究发现，未来海洋经济发展示范区港口可以划分为三种状态，即停滞期、转型期和上升期。港口建设水平受到新冠病毒感染疫情和示范区目标定位的双重影响。

关键词： 海洋经济发展示范区 港口建设 分数阶灰色模型 海洋经济圈 海岸线资源

* 黄冲（1986～），女，博士，山东财经大学管理科学与工程学院讲师，山东财经大学海洋经济与管理研究院研究员，主要研究领域为海洋经济分析与建模、资源环境与可持续发展。张凯（1995～），男，通讯作者，山东财经大学管理科学与工程学院博士研究生，主要研究领域为海洋经济管理与监测预警。

引　言

中国经过 40 多年的高速发展后，现今面临增长动力不足的问题，亟须寻找新的经济增长点。中国海岸线绵长，沿海城市众多，以沿海城市为主的东部地区是中国经济发展的主力军。① 然而，沿海城市在经济建设中，更加注重技术门槛低的陆域经济，而需要高新技术支撑的海洋经济没有受到青睐。② 海洋经济大而不强是沿海城市发展海洋经济面临的主要问题。③ 为了实现海洋经济高质量发展，沿海城市需要统筹优化海洋产业，重点培育龙头企业，以促进中国经济发展新局面的形成。中国政府为支持海洋经济发展，在 2016 年提出建设海洋经济发展示范区的指导意见④，随后确立了山东威海、日照和江苏连云港等 14 个海洋经济发展示范区。

海洋经济发展示范区覆盖了中国从北到南的整个沿海经济带，明确了海洋经济发展示范区的发展任务和培育目标。在北部海洋经济圈内的市级示范区有山东威海和日照，主要对北部沿海城市产生辐射和示范作用。在东部海洋经济圈内的市级示范区有江苏连云港和盐城、浙江宁波和温州，辐射带动范围包括长江三角洲沿海地区。在南部海洋经济圈内的市级示范区有福建福州和厦门、广东深圳和广西北海，主要对福建、珠江口及其两翼、北部湾和海南的海洋经济发展起到促进和带领作用。依据各示范区的海洋产业基础，明确指定其发展任务和方向。⑤ 山东威海在海洋经济发展示范区中的主要角色定位是远洋渔业和海洋牧场，以

① 贺义雄：《中国海域资源价格形成机制探析》，《中国海洋经济》2021 年第 2 期。

② 汪永生、李宇航、揭晓蒙等：《中国海洋科技 - 经济 - 环境系统耦合协调的时空演化》，《中国人口·资源与环境》2020 年第 8 期。

③ 王银银、戴翔、张二震：《海洋经济的“质”影响了沿海经济增长的“量”吗?》，《云南社会科学》2021 年第 3 期。

④ 《国家发展改革委　自然资源部关于建设海洋经济发展示范区的通知》，https://www.ndrc.gov.cn/xxgk/zcfb/tz/201812/t20181225_962344.html?code=&state=123，最后访问日期：2022 年 6 月 18 日。

⑤ 傅倩、邱力生：《我国海洋经济发展示范区规划设计与发展路径》，《社会科学家》2020 年第 4 期。

建立示范区为契机，进一步推动传统海洋渔业转型。① 山东日照、江苏连云港承担着远洋运输的发展任务，提高和完善港口承载能力对于发挥示范区效应具有重要意义。江苏盐城更加注重海洋生态文明建设。宁波、福州、厦门和深圳等示范区由于海洋产业基础扎实，示范区任务更多面向海洋高新技术产业和高效海洋经济发展新模式。温州的民营经济活跃，鼓励非国有资本参与海洋经济建设成为众多示范区中的一大特色。广西北海与东盟各国邻近，发展对外贸易成为北海示范区新的方向。

从上文可以看出，海洋经济发展示范区的设立统筹了三大海洋经济圈，明确示范区各自的发展任务，避免了海洋产业发展同质化，优化了沿海城市海洋产业布局。然而，由于海洋经济发展示范区建立时间较短，没有充足的数据支撑，对海洋经济发展示范区的研究是广大学者面临的难题。海洋经济发展示范区的任务完成离不开港口建设，众多海洋产业转型和突破也需要改善港口的运输条件。以日照和连云港为例，其示范区的定位包括远洋运输和陆海物流，那么港口建设水平的提高是示范区进程中的必然结果。广西北海的示范区任务是发展对外贸易，而港口建设是完成这一示范区任务的主要途径。港口的设立通常需要结合本地的海岸线资源、交通位置和发展定位等因素共同决定。由于之前的粗放式海洋经济发展模式，沿海城市掀起了港口建设的热潮。港口建设与自身发展目标的严重不匹配不仅导致本地的发展资源浪费，制约了本地海洋产业的发展，还会产生区域内港口不良竞争的现象。② 海洋经济发展示范区的政策文件对每个区域的港口建设进行了明确规定，有利于区域内港口做大做强。对于不适合开展港口建设的沿海城市，要集中精力投入本地的优势特色海洋产业。区域内港口资源的统筹优化更加有利于形成布局合理的海洋经济开发格局。“十三五”的海洋政策已实施多年，“十四五”期间海洋经济发展示范区的港口建设会如何发展？是否促进了海洋经济发展示范区发展目标的完成？回答这些问题需要对港口未来的发展趋势进行合理的预测研究，以便更好地指导地方海洋经济建设的进行。

---

① 孙吉亭、R. J. Morrison、R. J. West：《从世界休闲渔业出现的问题看中国休闲渔业的发展》，《中国渔业经济》2005 年第 1 期。

② 王伟、纪翌佳、金凤君：《基于动态空间面板模型的中国港口竞争与合作关系研究》，《地理研究》2022 年第 3 期。

港口货物吞吐量是描述港口规模、发展水平的重要指标，通常来看，港口货物吞吐量越多，港口的规模越大，也意味着港口所在地承担着更多的经济活动。受“21 世纪海上丝绸之路”“海洋强国战略”“陆海统筹”等政策的影响，港口的战略支撑作用不言而喻。如何准确把控区域内港口的协调发展成为促进海洋经济建设的重大课题。同时，由于发展定位的转变，部分海洋经济发展示范区会重新进行发展规划，不适宜发展海上运输的示范区港口建设将迎来转型期，具体表现在港口货物吞吐量异常波动甚至下降。研究港口未来发展的演化趋势对于调整海洋经济发展政策具有实践意义。[①] 因此，本文从港口建设的角度对海洋经济发展示范区的发展前景进行研究。

本文的研究时间基点是“十三五”，并对“十四五”期间的港口建设水平进行预测。由于数据较少，本文使用适用于小样本的灰色模型进行建模。灰色模型在海洋领域应用广泛，为研究海洋产业提供了有力的科研支撑。[②] 为了提高模型预测精度以便更好地对海洋经济发展示范区的港口建设水平进行分析和预测，本文采用对时间序列适应性更强的分数阶灰色模型。由于分数阶灰色模型的阶数是描述数据特征的重要指标，合适的阶数会大大提高模型的预测效果。因此，蛮力算法被用来对分数阶灰色模型的阶数进行寻优计算。本文的结构安排如下：第一部分对分数阶灰色模型的建模过程进行了详细描述，并展示了用蛮力算法优化模型阶数的过程；第二部分是海洋经济发展示范区港口货物吞吐量的预测结果，结合各个示范区的发展定位，厘清了示范区港口建设在“十三五”和“十四五”的承接关系，揭示了海洋经济发展示范区港口建设与三大海洋经济圈的深刻内涵；第三部分是结论与展望，根据第二部分的预测结果，在“十四五”期间，海洋经济发展示范区的港口货物吞吐量将会有三种状态，即停滞期、转型期和上升期，应根据每个示范区的任务分工对其建立相应的考核指标体系。

---

① 鲁渤、杨显飞、汪寿阳：《基于情境变动的港口吞吐量预测模型》，《管理评论》2018 年第 1 期。

② 李拓晨、丁莹莹：《基于 GM 模型的我国主要海洋产业灰色预测分析》，《工业技术经济》2012 年第 1 期。

一　分数阶灰色模型的方法原理

（一）建模步骤

灰色模型提出后，由于在小样本预测应用上的优秀表现，迅速被应用在经济社会的各行各业。[①] 灰色模型的多场景预测实例证明了小样本预测的潜在科研价值。分数阶灰色模型 FGM（1，1）通过矩阵扰动理论证明了灰色模型在小样本预测上的优势地位。[②] 由于海洋经济发展示范区的建设时间短，可提供的数据少，机器学习、统计模型和计量模型等需要大数据支撑的预测模型丧失了应用基础。因此，本文使用 FGM（1，1）模型作为研究支撑。FGM（1，1）模型的建模过程如下所示。[③]

第一步，假设非负时间序列为 $X^{(0)}=\{x^{(0)}(1),x^{(0)}(2),\cdots,x^{(0)}(n),x^{(0)}(k)>0\}$，$x^{(0)}(k)$ 表示第 k 年海洋经济发展示范区港口货物吞吐量。通过公式（1）可以获得 $x^{(0)}(k)$ 的 r 阶累加序列 $X^{(r)}(k)$。

$$X^{(r)}(k)=\sum_{i=1}^{k}\frac{\Gamma(r+k-i)}{\Gamma(1+k-i)\Gamma(r)}x^{(0)}(i) \tag{1}$$

其中，$\Gamma(r)=\int_0^{\infty}t^{r-1}\mathrm{e}^{-t}\mathrm{d}t$。当阶数 $r=1$ 时，分数阶灰色模型等同于 GM（1，1）模型。

第二步，在 r 阶累加序列的基础上，FGM（1，1）模型的表达式为：

$$x^{(r)}(k+1)=\beta_1 x^{(r)}(k)+\beta_2,k=1,2,\cdots,n-1 \tag{2}$$

通过最小二乘法可获得参数 β_1、β_2 的值：

---

① 谢乃明、刘思峰：《离散 GM（1，1）模型与灰色预测模型建模机理》，《系统工程理论与实践》2005 年第 1 期。

② 吴利丰、刘思峰、姚立根：《基于分数阶累加的离散灰色模型》，《系统工程理论与实践》2014 年第 7 期。

③ Lifeng Wu, Sifeng Liu, Ligen Yao, et al. , "Grey System Model with the Fractional Order Accumulation," *Communications in Nonlinear Science and Numerical Simulation* 18 (2013): 1775 – 1785.

$$\begin{bmatrix}\hat{\beta}_1\\\hat{\beta}_2\end{bmatrix}=(B^{\mathrm{T}}B)^{-1}B^{\mathrm{T}}Y \tag{3}$$

其中，$B=\begin{bmatrix}x^{(r)}(1) & 1\\ x^{(r)}(2) & 1\\ \vdots & \vdots\\ x^{(r)}(n-1) & 1\end{bmatrix}, Y=\begin{bmatrix}x^{(r)}(2)\\ x^{(r)}(3)\\ \vdots\\ x^{(r)}(n)\end{bmatrix}$。

第三步，将参数 β_1、β_2 代入公式（2）中，经过化简得到 FGM（1，1）模型的时间响应式：

$$\hat{x}^{(r)}(k+1)=\hat{\beta}_1^k x^{(0)}(1)+\frac{1-\hat{\beta}_1^k}{1-\hat{\beta}_1}\hat{\beta}_2, k=1,2,\cdots,n+5 \tag{4}$$

第四步，使用分数阶累加还原算子对拟合序列 $\hat{X}^{(r)}=\{\hat{x}^{(r)}(1),\hat{x}^{(r)}(2),\cdots,\hat{x}^{(r)}(n)\}$ 进行还原。还原后的拟合值和预测值最终被获得。

$$\nabla^{(r)}\hat{X}^{(0)}=[\nabla^{(r)}\hat{x}^{(1-r)}(1),\nabla^{(r)}\hat{x}^{(1-r)}(2),\cdots,\nabla^{(r)}\hat{x}^{(1-r)}(n),\cdots,\nabla^{(r)}\hat{x}^{(1-r)}(n+5)] \tag{5}$$

第五步，平均绝对百分误差（*MAPE*）是量化时间序列预测误差的常用技术手段。*MAPE* 的最终表现形式是百分比，更容易直观地描述模型的拟合效果，在时间序列的预测研究中被广泛使用。*MAPE* 的计算公式如下：

$$MAPE=\frac{100\%}{n}\sum_{k=2}^{n}\frac{|\hat{x}^{(0)}(k)-x^{(0)}(k)|}{x^{(0)}(k)} \tag{6}$$

由于灰色系列预测模型的初始值不参与建模计算，所以时间序列的初始值固定不变，通常在进行误差计算时，将其省略。

第六步，用蛮力算法求解 FGM（1，1）模型的最优阶数。r 的取值范围为（0，1]，根据不同时间序列的特征，相应的 r 也有不同的取值。为高效求解 FGM（1，1）模型的最优阶数，本文使用蛮力算法对 r 进行迭代优化。蛮力算法求解过程的伪代码见算法 1。①

① Xin Ma, Wenqing Wu, Bo Zeng, et al.,“The Conformable Fractional Grey System Model,” *ISA Transactions* 96(2020):255 – 271.

算法 1：蛮力算法求解 FGM（1，1）模型的阶数 r

Input：海洋经济发展示范区港口货物吞吐量的时间序列数据 $X^{(0)}=\{x^{(0)}(1),x^{(0)}(2),\cdots,x^{(0)}(n)\}$

Output：优化值 r^*

初始化过程 $r^*=0$，$MAPE_{\min}=+\inf$

for $r=[0,1]$；Step = 0.01 do

  根据公式（3），构建矩阵 B 和 Y

  根据公式（3），计算参数 β_1 和 β_2

  for $k=[1,n]$；Step = 1 do

    由公式（4）计算 $X^{(r)}$

    由公式（5）计算 $\hat{X}^{(0)}$

  end

  使用公式（6）计算目标值 $MAPE$

  if $MAPE<MAPE_{\min}$ then

    $MAPE_{\min}\leftarrow MAPE$

    $r^*\leftarrow r$

  end

end

return r^*

（二）评价标准

在实施预测分析前，用 FGM（1，1）模型对时间序列数据的适应性训练效果进行评价，更有利于提高研究内容的真实性。① *MAPE* 是对真实数据和拟合数据之间偏离程度的客观描述。当实际值与计算值的差值在实际值中的占比越小时，说明模型对该时间序列的适应性越强。一般而言，*MAPE* 预测精度被划分为四个等级，即高、中、一般和低（见表

① 王建良、李孥：《中国东中西部地区天然气需求影响因素分析及未来走势预测》，《天然气工业》2020 年第 2 期。

1）。每个等级都有偏离程度与之对应。①

表 1　模型预测效果等级划分

MAPE 取值范围	预测精度
≤10%	高
10% ~20%	中
20% ~50%	一般
>50%	低

二　海洋经济发展示范区港口货物吞吐量预测

（一）数据说明

海洋经济发展示范区总共包括 14 个地区，其中设立在市一级的有 10 个，园区内的有 4 个。由于设在园区内的示范区港口货物吞吐量通常与所在城市的港口数据一起发布，并不能客观地反映示范区的港口建设情况。因此，本文仅对设在市一级的示范区进行预测研究。此外，盐城港口的货物吞吐量受连云港影响，规模相对较小，江苏将盐城港与其他小港合并统计，因此缺少盐城港的数据。宁波港由于在海洋经济发展示范区成立之前就与舟山港合并，后续使用“宁波—舟山港”名称，因此本文使用“宁波—舟山港”的货物吞吐量数据来进行预测研究。②各港口货物吞吐量数据列于表 2，数据来源于 2016 ~2021 年《中国统计年鉴》。

① Song Ding, Ruojin Li, Shu Wu, “A Novel Composite Forecasting Framework by Adaptive Data Preprocessing and Optimized Nonlinear Grey Bernoulli Model for New Energy Vehicles Sales,” *Communications in Nonlinear Science and Numerical Simulation* 99 (2021): 105847.

② 《浙江省正式宣布宁波—舟山港一体化》，http://www.gov.cn/jrzg/2005 -12/20/content_132250.htm，最后访问日期：2022 年 6 月 18 日。

表 2　2015～2020 年海洋经济发展示范区港口货物吞吐量

单位：吨

年份	威海	日照	连云港	宁波—舟山	温州	福州	厦门	深圳	北海
2015	4213	33707	19756	88929	8490	13967	21023	21706	2468
2016	4340	35007	20082	92209	8406	14516	20911	21410	2750
2017	4468	36136	20605	100933	8926	14838	21116	24136	3169
2018	5570	43763	21443	108439	8239	17876	21720	25127	3387
2019	3730	46377	23456	112009	7541	21255	21344	25785	3496
2020	3863	49615	24182	117240	7401	24897	20750	26506	3736

（二）预测结果

将表 2 各个港口的货物吞吐量数据分别使用 FGM（1，1）模型计算，在 Matlab 2021b 软件平台上，通过蛮力算法寻优后，计算出相应的拟合结果。海洋经济发展示范区港口货物吞吐量的拟合数据汇总在表 3 中。由误差评价指标可以看出，所有港口货物吞吐量数据的拟合误差均在 10% 以下，说明 FGM（1，1）模型对港口货物吞吐量数据序列具有较好的适应性和较高的预测精度。威海港口货物吞吐量数据序列的预测效果最差，*MAPE* 值为 8.92%；宁波—舟山港货物吞吐量数据序列的预测效果最好，*MAPE* 值为 0.42%。

表 3　2015～2020 年海洋经济发展示范区港口货物吞吐量的拟合结果

单位：吨，%

年份	威海	日照	连云港	宁波—舟山	温州	福州	厦门	深圳	北海
2015	4213	33707	19756	88929	8490	13967	21023	21706	2468
2016	4518	35007	20082	92002	8559	14212	20853	21817	2768
2017	4583	38271	20852	101019	8537	15667	21301	23631	3115
2018	4461	41971	21823	107959	8233	17892	21392	24985	3378
2019	4254	45818	22943	113083	7797	20919	21194	25920	3571
2020	4016	49721	24199	116808	7314	24897	20819	26534	3711
MAPE	8.92	2.28	1.04	0.42	2.16	1.87	0.74	1.04	1.09

海洋经济发展示范区港口在“十四五”期间的货物吞吐量预测结果列于表 4。海洋经济发展示范区在“十三五”期间提出，“十四五”是

“十三五”的政策延伸。示范区港口在“十四五”期间的建设水平将直接影响后续政策的制定和实施，因此本文对港口货物吞吐量的预测研究覆盖“十四五”全过程。从预测的数量级上看，各个港口的货物吞吐量差距较大，威海和北海港口的规模最小，宁波—舟山港的港口规模最大，但是，这并不意味着宁波—舟山港可以率先完成海洋经济发展示范区的既定目标。考虑到地理位置、工业规模、经济发展水平等影响因素，海洋经济发展示范区在成立之初就制定了差异化的发展方向和目标定位。港口建设应服务于示范区的角色定位。因此，应结合政策安排对港口建设进行客观评价。

表 4 “十四五”期间海洋经济发展示范区港口货物吞吐量的预测结果

单位：吨

年份	威海	日照	连云港	宁波—舟山	温州	福州	厦门	深圳	北海
2021	3776	53641	25588	119451	6832	30053	20347	26902	3809
2022	3548	57562	27113	121243	6374	36689	19832	27080	3875
2023	3338	61475	28781	122356	5951	45199	19309	27110	3916
2024	3147	65377	30600	122921	5567	56089	18796	27025	3935
2025	2977	69267	32581	123040	5222	70008	18307	26848	3938

（三）预测结果分析

根据沿海地区地理位置，《中国海洋经济统计公报》将沿海区域划分为三大经济圈，即北部海洋经济圈、东部海洋经济圈和南部海洋经济圈。《2021 年中国海洋经济统计公报》显示，北部海洋经济圈海洋生产总值为 25867 亿元，占全国海洋生产总值的比重为 28.6%；东部海洋经济圈海洋生产总值为 29000 亿元，占比 32.1%；南部海洋经济圈海洋生产总值为 35518 亿元，占比 39.3%。① 可以明显看出，南部海洋经济圈的海洋经济实力明显强于其他两个经济圈。北部和东部海洋经济圈的海洋经济实力相近，东部海洋经济圈的海洋经济实力略强一些。海洋经济发展示范区所在地区的经济实力是前提和基础，直接影响示范区的进一

① 《2021 年中国海洋经济统计公报》，http://gi.mnr.gov.cn/202204/t20220406_2732610.html，最后访问日期：2022 年 6 月 18 日。

步发展。因此本文将海洋经济发展示范区与海洋经济圈结合讨论评价，并对三大海洋经济圈逐一进行探讨。

1. 北部海洋经济圈

北部海洋经济圈包含辽东半岛、渤海湾和山东半岛。处于北部海洋经济圈的海洋经济发展示范区有威海和日照，威海和日照在2015~2025年的港口货物吞吐量见图1。

从发展趋势上看，日照港口的货物吞吐量长期处于增长状态，而威海港口的货物吞吐量在2020年以后持续下滑。值得注意的是，2020年新冠病毒感染疫情突袭而至，全社会各行各业均受到不同程度的影响，但中国在最短时间内控制住了疫情，快速恢复了社会经济活动。然而，世界其他国家因防疫政策和卫生健康条件等的局限，受疫情影响的持续时间较长，这在一定程度上对中国沿海港口的货物吞吐量造成了影响。而与日照相比，威海港口体量和规模均较小，在不稳定环境中，对抗外部风险的能力较弱，因此受到疫情的影响较大。

从示范区角度看，威海的定位是远洋渔业、海洋牧场以及海洋生物医药。可以看出，威海的发展业务并不包含海洋运输。虽然威海港口规模较小，但足够发挥对示范区的支撑作用。总体来看，威海港口货物吞吐量下滑的原因有：一是威海集中精力发挥示范区优势，目标定位中不包含港口建设；二是威海抵抗外部风险的能力较弱；三是威海面临传统海洋渔业的转型升级，渔业高质量发展是其实现路径，淘汰落后渔业产业对港口货物吞吐量造成一定的影响。反观日照的发展定位是远洋运输。日照在“十四五”期间的预测结果与发展定位高度契合，港口发展势头强劲，有能力完成海洋经济发展示范区的任务安排。

从经济圈角度看，威海和日照同处于一个海洋经济圈。在同一个经济圈中，它们各自的发展目标应具有差异性，避免发展路径同质化。事实上，从海洋经济发展示范区的建设规划也可以看出，两个示范区的发展定位并不相同，发展各自的优势海洋产业更有利于实现海洋经济高质量发展和传统海洋产业的转型升级。因此，在北部海洋经济圈中，日照港口的建设水平将会有长足的进步，港口规模将会不断扩大；而威海港口建设目标将是更好地服务于海洋牧场和海洋渔业。因此，日照港口建设有自身的基础优势，在示范区政策的影响下，发展速度和质量处于上升期；而威海按照示范区的发展任务，逐渐汇集自身的发展优势，港口建设将为发展任务服务，短期内将处于转型期。

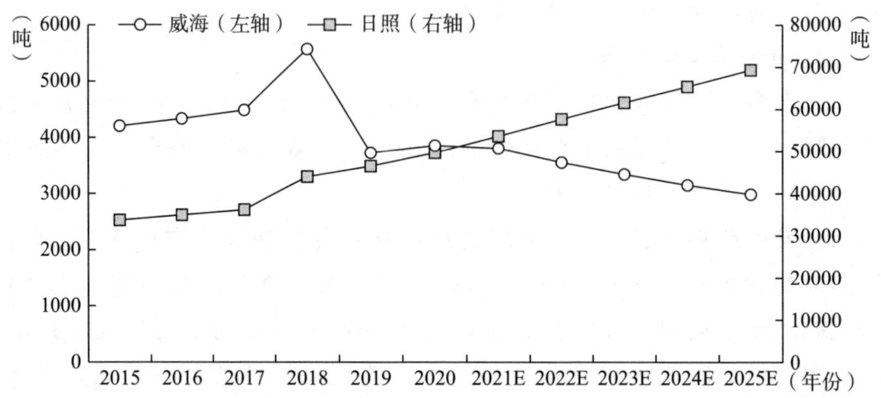

图 1　2015 ~ 2025 年北部海洋经济圈的海洋经济发展示范区港口货物吞吐量

2. 东部海洋经济圈

东部海洋经济圈主要是指长江三角洲的沿岸地区。处于东部海洋经济圈的海洋经济发展示范区有连云港、宁波和温州。2015 ~ 2025 年三个示范区港口的货物吞吐量见图 2。

从发展趋势上看，三个示范区的港口货物吞吐量处在三个不同的数量级上。港口规模最大的是宁波—舟山港，在“十四五”期间货物吞吐量将保持在 10 万吨以上，呈现缓慢的增长趋势。其次是连云港，港口货物吞吐量在 2 万吨以上，增长速度明显快于宁波—舟山港。规模最小的是温州港，港口货物吞吐量将跌破 7000 吨，整个“十四五”期间均在 7000 吨以下。三个港口在新冠病毒感染疫情发生后均受到不同程度的影响，宁波—舟山港增长速度明显放缓；温州港规模最小，与威海港类似，抵抗风险能力差，港口货物吞吐量直线式下滑；而连云港在疫情发生后增长速度略有加快。

从示范区角度看，连云港的定位是国际陆海物流一体化创新。连云港具有发展海运的先天优势，拥有江苏省唯一的 40 公里深水基岩海岸，位于长江三角洲。[①] 因此，连云港港口货物吞吐量实现了稳定增长，示范区效应逐渐显现。宁波的定位是海洋科技研发与产业化，对标海洋产

① 连云港市人民政府：《自然地理》，http://www.lyg.gov.cn/zglygzfmhwz/zrdl1/content/0e5797f9 - 9efd - 4909 - 9ae3 - 9398f68346b5.html，最后访问日期：2022 年 6 月 18 日。

业绿色发展新模式。宁波海洋经济发展示范区着眼于科技赋能，提升海洋技术支撑能力。且宁波与舟山合并港口，对于支持宁波示范区发展具有便利交通运输的作用。温州民营经济活跃，示范区定位是探索民营经济参与海洋经济发展新模式。宁波和温州示范区均不承担海运物流的发展任务，港口支持力度小。连云港承担陆海运输任务，港口建设将迎来新的发展机会，就目前来看，连云港港口建设具有很大的发展空间。

从经济圈角度看，连云港、宁波和温州示范区均处于东部海洋经济圈。海洋经济圈的繁荣，需要圈内城市发挥各自的竞争优势。宁波—舟山港的形成，为宁波地区提供了坚实的经济基础，具有进一步提高海洋科技及其成果转化的实力。宁波在东部海洋经济圈中具有海洋先进生产力的地位。连云港的示范区任务是由其地理位置决定的，相比东部海洋经济圈中的其他示范区更具有发展陆海运输的先天条件。温州在东部海洋经济圈中的竞争优势是民营经济，示范区任务是发展海洋民营经济，鼓励很多非国有资本投入海洋经济建设。因此，连云港的示范区效应将会不断扩大，港口货物吞吐量还将继续攀升，港口建设处于上升期。由于宁波示范区定位的转变，宁波—舟山港的发展水平将长期处于停滞阶段，港口建设处于停滞期。温州示范区的海洋经济发展新模式短期内很难看到成效，港口建设处于转型期。

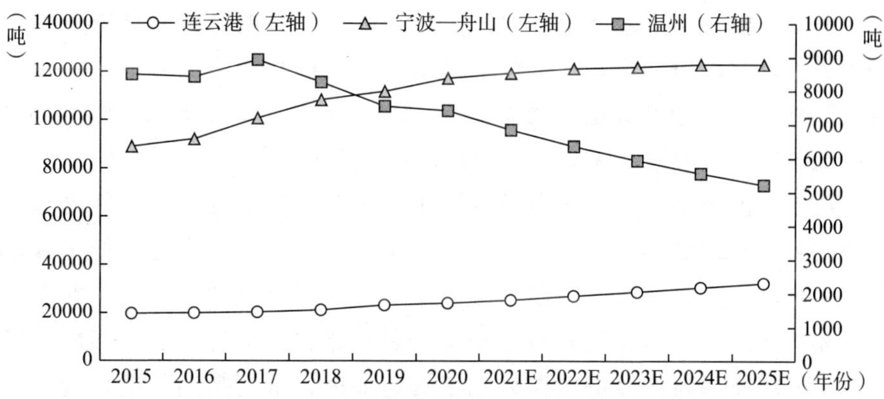

图 2　2015～2025 年东部海洋经济圈的海洋经济发展示范区港口货物吞吐量

3. 南部海洋经济圈

南部海洋经济圈主要指福建、珠江口及其两翼、北部湾及海南岛沿岸地区。处于南部海洋经济圈的海洋经济发展示范区主要有福州、厦门、深圳和北海。四个示范区在 2015～2025 年的港口货物吞吐量见图 3。

从发展趋势上看，福州港口货物吞吐量在“十四五”期间成指数增长，发展势头迅猛。厦门港口货物吞吐量呈现下滑趋势。深圳港口货物吞吐量基本保持不变。北海港口规模最小，其货物吞吐量虽然呈现增长趋势，但是增长速度缓慢。新冠病毒感染疫情对福州港口的影响较小，对深圳和厦门港口的影响较大，使其货物吞吐量出现下降趋势。北海港口虽然稳定了货物吞吐量，但其进一步发展的空间受限。

从示范区角度看，福州的主要任务是推动海洋资源要素市场化配置。福州海洋经济发展历史悠久，近年来，相继承担了“21 世纪海上丝绸之路”核心区、自由贸易试验区和自主创新示范区等海洋经济发展任务。海洋经济的繁荣进一步提升了港口建设水平，港口货物吞吐量的不断攀升也从侧面反映出福州的海洋经济实力之强。厦门的主要任务是推动海洋新兴产业延伸和产业配套能力提升，重在发展海洋产业，对外贸易服务职能不明显，因此厦门港口的货物吞吐量有下降趋势，需聚焦海洋经济发展示范区任务。深圳一向是海洋经济发展的领头羊，对外贸易额常年保持高位，深圳示范区的定位是引领海洋高技术产业和服务业发展，即引领海洋第二产业和第三产业发展。深圳海洋经济经过快速发展之后，要承担更多海洋高质量发展任务。因此，深圳港口货物吞吐量基本保持不变。北海的示范区定位是加大对外开放合作力度。北海的港口规模较小，但是其位置与东盟经济圈邻近，对于发展新丝绸之路具有重要的位置优势。北海港口货物吞吐量经过“十三五”的快速发展之后，在“十四五”期间增长速度放缓。受全球新冠病毒感染疫情和防疫政策影响，北海港口货物吞吐量在未来一段时期内增长受限。

从经济圈角度看，南部海洋经济圈四大海洋经济发展示范区的海洋经济实力强于北部和东部海洋经济圈，北海的海洋经济实力远低于其他三个示范区。南部海洋经济圈内海洋经济发展示范区的定位集中在引领海洋经济高质量发展，探索海洋经济发展新路径。从港口货物吞吐量可以看出，福州的海洋经济发展领先于其他地区，从而带动了港口货物吞吐量的进一步提升。厦门的港口货物吞吐量将处于持平状态，深圳的港口货物吞吐量具有相似的趋势，均处于停滞期。虽然它们处于同一个海洋经济圈，但主要沿海城市的职能发生调整，港口建设也进行了重新调整。福州港口将更多地承担海洋运输任务，港口建设处于上升期。北海是南部海洋经济圈中与东盟贸易区距离最近的城市，北海港口将更多地面向东盟市场，目前东盟国家受疫情影响，经济发展疲软，使得北海港口货物吞吐量处于停滞期。但从发展前景来看，北海港口具有较大的发展潜力。

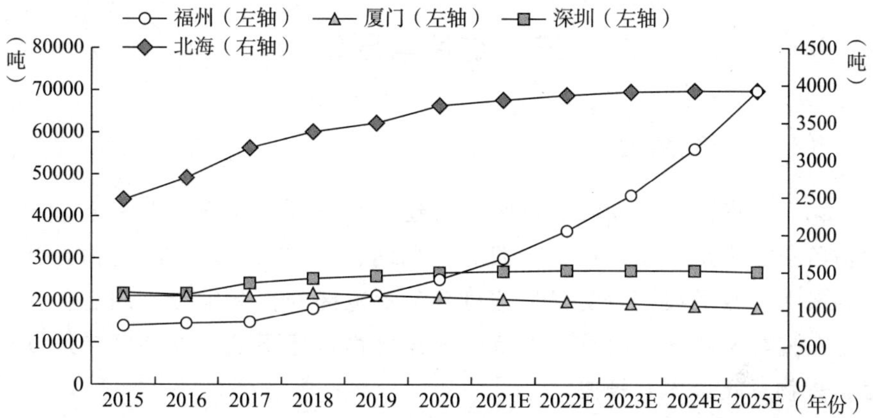

图 3　2015～2025 年南部海洋经济圈的海洋经济发展示范区港口货物吞吐量

（四）预测结果总结

通过建模预测发现，在“十四五”期间，海洋经济发展示范区的港口货物吞吐量具有不同的发展趋势，总体可以概括为三种状态，即停滞期、转型期和上升期。

第一，停滞期，即港口发展速度缓慢，表现为港口货物吞吐量处于横盘状态。处于停滞期的海洋经济发展示范区有宁波—舟山、厦门、深圳和北海。受到目标定位的转变或疫情影响，港口货物吞吐量不再爬升。更多的资源将汇集在示范区的目标定位上。停滞期的示范区港口建设仍具有发展潜力。

第二，转型期，即港口发展速度出现明显下降趋势，港口货物吞吐量出现下滑。处于转型期的海洋经济发展示范区有威海和温州。港口建设与各自示范区的目标定位不符，港口将不是这些地区的发展重点。威海面临传统海洋产业转型升级的困难，温州需要探索民营资本与海洋经济发展的新模式。在短期内，威海和温州港口建设不会有太大的进展。

第三，上升期，即港口发展速度较快，港口货物吞吐量持续增长。处于上升期的海洋经济发展示范区有日照、连云港和福州，这三个示范区分别归属于三个不同的海洋经济圈。日照和连云港示范区的共同之处在于，都具有海洋运输的职能。因此可以看出，三大海洋经济圈已经进入经济活动重新整合阶段。未来这三个示范区将在各自的海洋经济圈承担大部分的海洋运输任务，或将迎来港口建设的高峰。

三　结论与展望

（一）研究结论

第一，海洋经济发展示范区港口建设水平参差不齐。本文通过建立分数阶灰色模型发现，在“十四五”期间，不同港口之间的货物吞吐量差距较大，数量级差距明显。这可能与示范区的目标定位不同有关。传统港口优势不明显，而符合示范区海洋运输目标要求的港口发展速度迅猛，货物吞吐量攀升较快。

第二，海洋经济发展示范区港口未来变化趋势多样。“十四五”期间，港口货物吞吐量变化大致有三种状态，即停滞期、转型期和上升期。传统海洋产业集聚的示范区大多处于转型期，港口货物吞吐量呈现下滑趋势。承担示范区海洋运输任务的示范区，示范效应明显，大多处于上升期，港口货物吞吐量持续增长。

第三，三大海洋经济圈具有各自的示范区港口建设优势。日照承担北部海洋经济圈的海洋运输职能，连云港和福州分别承担东部和南部海洋经济圈的海洋运输职能。未来这三个海洋经济发展示范区具有广阔的港口建设前景，将进一步带动各自经济圈内的海洋产业发展。

（二）研究展望

由于港口货物吞吐量是汇总计算，本文没有获得港口货物吞吐量明细，无法了解到海洋经济发展示范区港口的主要货物流量。以厦门为例，厦门海洋经济发展示范区的目标定位是高技术海洋产业延伸，那么厦门之后关于高技术海洋产业的货物应占据一定比例，这可以更有利于分析海洋经济的实际运行和发展情况。

Analysis of Port Construction Level and Future Trend Forecast in Marine Economic Development Demonstration Zone

Huang Chong[1,2], *Zhang Kai*[1]

(1. School of Management Science and Engineering, Shandong University of Finance and Economics, Jinan, Shandong, P. R. China, 250014; 2. Institute of Marine Economics and Management, Shandong University of Finance and Economics, Jinan, Shandong, P. R. China, 250014)

Abstract: The marine economic development demonstration zone has important practical significance for the high-quality development of my country's marine economy. The port is the main way to realize the transformation of old and new kinetic energy, the upgrading of the marine industry and foreign trade in the marine economic development demonstration zone. Analyzing and predicting the construction level and development trend of the port has important practical significance for completing the target positioning of the marine economic development demonstration area. In this paper, the port construction level is characterized by cargo throughput, a fractional gray model is established as a prediction method, and the demonstration area is divided into three major marine economic circles, and the ports in the demonstration area during the "14th Five-Year Plan" period are discussed and analyzed. The results of the study found that the ports in the future marine economic development demonstration zone can be divided into three states: stagnation period, transition period and rising period. The level of port construction is affected by both the COVID – 19 pandemic and the target positioning of the demonstration zone.

Keywords: Marine Economic Development Demonstration Zone; Port Construction; Fractional Grey Model; Marine Economic Circle; Shoreline Resources

（责任编辑：孙吉亭）

现代海洋旅游演进对中国海洋旅游发展的启示

朱建峰*

摘　要　海洋旅游经济是在一定社会经济条件下产生与发展起来的社会现象。本文首先阐述现代海洋旅游的演进历程与阶段特点，在此基础上总结国外典型海洋旅游发展模式经验，剖析中国海洋旅游发展存在的问题，包括开发与管理体制滞后；开发力度不够，精深文化挖掘不足；旅游地文化形象不突出，从业人员队伍素质不高。最后提出主要对策建议，以期助力海洋旅游的高质量发展。例如，完善政府引导职能，构建市场主导型管理体制；创新海洋旅游开发路径，加强集群化发展；坚持生态优先原则，推动现代海洋旅游绿色化、低碳化发展；加强专业人才队伍建设，不断提升海洋旅游服务水平。

关键词　海洋旅游　人才队伍　旅游地文化　管理体制　市场主导型

海洋旅游自古有之，只是古代海洋旅游仅发生在少数人身上，没有形成社会规模，产生的社会经济影响也非常有限，海洋旅游仅停留在商贸、探险、宗教旅游等目的上，而且旅游充满艰难，基本没有舒适休闲体验。近代海洋旅游开始走向大众，成为一种追求精神体验的休闲之旅，

---

* 朱建峰（1977～），男，山东社会科学院山东省海洋经济文化研究院助理研究员，主要研究领域为海洋经济与政策。

逐渐形成海洋旅游服务产业，发展到现代海洋旅游，海洋旅游经济模式不断丰富。

一　现代海洋旅游的演进

人类海洋旅游大致经历了古代海洋旅游、近代海洋旅游和现代海洋旅游三个阶段的演进与发展。

（一）古代海洋旅游

虽然无从考证海洋旅游活动的具体开端，但海洋旅游活动并不是人类与生俱来的本能活动，它不同于以生存为目的的原始社会的人类迁徙，而是属于人类追求精神文化享受的高层次活动需求。古代海洋旅游活动是人类海洋旅游活动的萌芽，大致出现于原始社会末期奴隶社会初期。这一时期的古代海洋旅游活动主要以商贸、宗教旅游等为目的，主要的海洋旅游方式是航海活动。

1. 西方古代海洋旅游

人类历史上有记载的海洋旅游活动可以追溯到公元前3000多年的腓尼基时代，当时腓尼基人的海洋旅游目的地主要集中在地中海和爱琴海附近。公元前5世纪，古希腊人希罗多德在地中海旅行多年后，完成历史学巨著《历史》。公元前4世纪，毕特阿斯为探索月相与潮汐的关系，航海穿越不列颠，驶向北冰洋。公元前64～前20年斯特拉波通过海洋旅游活动，记录描述沿海国家风土人情，完成地理名著《地理学》。

到中世纪，宗教旅游兴盛，尤其是7世纪阿拉伯帝国的兴起极大地促进了以商贸和宗教旅游为目的的海洋旅游活动。851年，阿拉伯旅行家苏莱曼出版了记录中国沿海地区风貌的《苏莱曼东游记》。1275～1295年，意大利人马可·波罗从威尼斯旅行至中国，记录沿途中亚、东南亚等地区的异国风情，完成《马可·波罗游记》。正是这些早期的关于海洋旅游的新奇见闻，进一步激发了人们进行以商贸、探险为目的的海洋旅游活动。

尤其是15世纪西方资本主义萌芽，进一步推动了生产力的发展，产生了西班牙、葡萄牙、英国等海上强国，极大促进了西方古代航海探险活动。1415年，葡萄牙亨利王子的航海活动开启了西方首次大规模海上探险活动，此后，葡萄牙人迪亚士到达非洲南端发现好望角，达·伽马首航印度，至此，通往印度洋的海上航线被葡萄牙人成功开通。1492～1502 年，意大利航海家哥伦布开启欧洲人横渡大西洋之旅，先后 4 次穿越大西洋，发现美洲大陆。16 世纪，葡萄牙人麦哲伦经过数年艰苦的海上航行，完成环球航行，并通过实践证明了地球是圆的。

18 世纪中期，以科学考察为目的的海洋探险活动逐渐增多，英国、德国科学家围绕航线开辟、动植物及地质地貌等方面进行研究。其中，1831～1836 年，英国生物学家达尔文历时 5 年，进行环球航行，采集大量动植物标本，记录大量具有珍贵价值的科考笔记，相继出版《物种起源》《动物和植物在家养下的变异》《人类起源和性的选择》三本伟大著作，完善了进化论的内容，这成为 19 世纪自然科学三项伟大发现之一。

2. 中国古代海洋旅游

中国古代海洋旅游最早可追溯至先秦时期，有先秦古典《山海经》为证。书中海经部分包括 13 篇，其中《大荒经》完成年代最早，此篇已记录东海之外、大荒之地的国名近 20 个。《山海经》记载："东海中有流波山，入海七千里。"可见，早在先秦时期，沿海国家航海发展已具备一定基础，与周边日本、朝鲜、越南等邻国有海上往来。

秦朝统一六国后，推进了中央集权的封建王朝的发展，统一货币、统一度量衡，制定相关法规制度，建造驿站旅店、修建驿道，北起渤海、南至广州的海上航线全部开通，促进了商品经济的繁荣与商贸旅游的发展。秦汉时期，海洋旅游形式主要是帝王巡游、官吏宦游、求仙问道。如秦始皇、秦二世、汉高祖、汉武帝等都曾有过巡游。汉朝官吏张骞先后两次奉皇命出使西域，开辟了陆上"丝绸之路"，详查了沿线各国的风土人情，促进了异国的文化交流。秦始皇为寻找长生不老的仙药，派方士徐福率数千工匠从青岛崂山出海，探访传说中的蓬莱、方丈、瀛洲三座仙山。徐福东渡虽然没有找到仙药，但是传播了中国文化，促进了中日文化的交流，直到今天，日本仍然延续祭祀徐福的活动。

隋唐时期，中国封建社会达到顶峰时期，海洋旅游活动兴盛，旅游形式更加丰富，文人漫游、宗教旅游普遍。唐诗宋词中不乏赞美山水与大海的诗句。佛教兴起于汉末，经过魏晋南北朝的发展，至隋唐时期进入鼎盛阶段，以求取经法为目的的宗教旅游发展迅速。其中东晋法显是第一位到海外探索宗教理论的大师，游历 14 年，将旅行见闻记录成书

《佛国记》；唐代玄奘历时 18 年西行取经，完成《大唐西域记》和《大慈恩寺三藏法师传》两部佛学著作；鉴真更是六渡日本，宣讲佛法，传播中国文化。同时，宗教云游、游方也得到长期发展，形成了佛教四大圣山、道教四大名山等名胜古迹，这既是对历史旅游活动的记载，也成为今天重要的旅游景观。隋唐时期经济文化发达，外贸交流广泛，以商贸和文化交流为主的国际海洋旅游较为普遍，外国使者、商人、学者络绎不绝。如日本先后 16 次派使者来中国学习先进技术与文化。唐朝时期，阿拉伯人通过海洋旅游，将香料带到中国换取茶、瓷器和丝绸。

元朝时期，国际旅游继续发展，推动了中国航海事业的发展。元朝著名航海家汪大渊先后两次周游印度洋，并将沿途各国的风情撰写成书《岛夷志略》。

到明朝，造船技术和航海技术进一步发展。明朝太监郑和七次下西洋，其第一次下西洋在时间上比哥伦布发现美洲大陆还要早 87 年。文人墨客的漫游、学术考察等滨海旅游活动成就不凡，其中以地理学家徐霞客最为知名。

3. 古代海洋旅游的特点

古代海洋旅游的发展与国家政治经济状况直接相关。古代海洋旅游活动开始于文明古国，后期繁荣也主要集中于古希腊、古罗马、中国、古埃及和古巴比伦地区，其旅游主体、旅游模式的发展随着经济社会水平的提高不断丰富。

商人是古代海洋旅游的开拓者，古代海洋旅游以商贸旅游为主导，其次包括宗教旅游、科学探索、帝王巡游、文人访学等形式。中国古代商贸海洋旅游领先于西方，西方科学探索性质的海洋旅游活动领先于中国。

古代海洋旅游不以休闲、消遣、度假为目的。古代海洋旅游产生于奴隶社会，发展成熟于封建社会。由于这一时期传统的农耕思想仍然占据主导，所以大众主观上缺乏对海洋度假旅游的需求。零散的以海上享乐和游玩为目的的海上旅游仅存在于帝王、官僚、封建贵族等统治阶级。

（二）近代海洋旅游

近代海洋旅游一般指从工业革命到第二次世界大战结束期间的海洋旅游活动。这一时期，世界资本主义国家相继完成工业革命，通过生产方式和交通工具的变革，社会经济迅速发展，人们生活水平显著提高，以休闲、度假为目的的海洋旅游需求不断增加，并从规模上逐渐超越商贸海洋旅游，成为这一时期海洋旅游的主导形式。

1. 西方近代海洋旅游

英国是最先完成工业革命的国家，同时也是海洋强国。作为一个海洋国家，英国的旅游活动很难与海洋旅游划分界限，因此，其近代海洋旅游的开端、发展与旅游活动的发展基本一致。近代海洋旅游活动萌芽于 18 世纪早期英国的海水浴。1752 年，英国医生 R. 拉塞尔发表了著名的《论海水在治疗腺状组织疾病的作用》，加深了人类对海水疗养功效的认识，推动了海水浴的普及。随后，英国逐渐出现海滨疗养院，滨海度假地开始兴起。但由于当时海上交通工具主要是速度缓慢的汽轮，这限制了滨海旅游业的发展。19 世纪中叶完成的工业革命从根本上改变了人类的生活方式，对近代海洋旅游的发展产生了重要影响。

工业革命极大地促进了生产力的发展，物质经济繁荣，工人购买力不断提高，商贸旅游需求市场广阔，需求的迅速扩大刺激了海洋商贸旅游的发展。同时枯燥单一的大机器工业劳动、紧张的城市生活也增加了人们回归自然、休闲度假的需求。在具备一定物质基础的条件下，精神层面的需求进一步释放。同时工业革命带动了交通巨大变革，随着蒸汽火车与蒸汽轮船的发明与普及，旅游费用降低、旅程时间缩短，海洋旅游更加便捷舒适，旅游需求进一步激发，同时高效的交通方式具备对这一巨大需求的接纳能力。

旅游供给与旅游需求均已具备，如何将需求与供给对接成为另一难题。特别是海洋旅游涉及不同国家，各个国家的风土人情、旅行手续、语言、货币等均存在差异，这些都成为旅游者完美旅游的障碍。英国人托马斯·库克敏锐地发现这一强烈的社会需求，率先成立相应的旅游中介服务机构，催生了旅游业。如 1841 年，托马斯·库克承办洛赫伯勒的禁酒大赛，从张贴广告、包租火车到随团照料起居，这次短途旅游十分成功，成为近代旅游活动的开端。1845 年，托马斯·库克开始专门从事代理业务，成为专职旅游业务代理商，其间他整理出版了第一本旅游指南。这一时期的旅游代理业务包括旅游路线考察设计、旅游产品的宣传推广、成团后的陪同导游，这些均体现了现代旅行社的基本业务，是现代旅行社业务模式的雏形。1855 年，他探索承接了从英国至法国的博览会 5 日游，并首次采用全包价的旅游形式。1872 年，托马斯·库克组织了为期 222 天的环球旅行；1874 年，他推出了旅游流通券。托马斯·库克对旅游活动的精心策划与组织创新，使以休闲度假为目的的海洋旅游更加便捷轻松、更加舒适愉快。

2. 中国近代海洋旅游

清朝时期由于鸦片战争与列强的入侵，国内旅游趋于下行，外向型海洋旅游活动有所发展。西方先进文化与技术的冲击，增强了国人“出洋”旅游动机，少数人开始“行抵绝域，详悉各国风土人情”的出国旅游。1866 年，中国诞生了第一个面向欧美的官方旅行团，该旅行团历时 4 个月，游历欧洲 10 个国家，为后来的出国留学、国际商贸交流开启了先河。为了“师夷长技以制夷”，清政府加大了派遣留学生的力度，留学热潮兴起。

20 世纪初，一些国外旅行社如英国通济隆旅游公司、美国运通国际旅游公司等开始在上海设立旅游代办机构。1923 年，上海商业储备银行成立旅行部，主要负责代办国内外火车票、轮船票与机票，四年后，该旅行部脱离上海商业储备银行，成立“中国旅行社”。

总体而言，近代中国经济相对落后，人们生活质量不高，不具备参加以消遣、休闲、度假为主要目的的海洋旅游活动的能力，中国近代海洋旅游发展缓慢。

3. 近代海洋旅游特点

工业革命和交通工具变革是催生近代海洋旅游的原动力。工业革命既是生产技术与生产关系的巨大革命，也对海洋旅游的发展产生了深远的影响，为近代海洋旅游的发展创造了良好条件。

以休闲度假为目的的海洋旅游居主导地位。非经济目的的旅游活动有新的发展，西方近代休闲度假旅游活动领先于中国。

人们主观上普遍具有休闲度假游的需求。随着大机器时代的到来，人们的生产生活方式发生变革，休闲度假需求具有普遍社会意义。以消遣为目的、非经济海洋旅游活动的参加者不再局限于土地所有者和封建贵族，已扩展至新兴资产阶级和部分工人阶级。

这一时期的海洋旅游形式以滨海旅游为主，海面、海底旅游活动也有所发展。滨海旅游以观光、疗养、度假为主，主要旅游产品有海水浴、阳光浴及医疗保健。随着科技的发展，人类逐渐借助工具进行海上和海底娱乐活动，主要项目有滑水、划船、空中跳伞、潜水、帆船、邮轮和垂钓等。

近代海洋旅游产生和发展于欧洲发达资本主义国家，因而这一时期的海洋旅游以温带旅游为主，主要集中于地中海及欧洲大西洋沿岸，地中海已成为当时具有多种娱乐设施的世界性海洋旅游中心。

（三）现代海洋旅游

现代海洋旅游一般指第二次世界大战结束后的海洋旅游活动。第二次世界大战后，世界趋于和平，各国经济开始持续稳定发展，工业化和城镇化进程不断加快，人们的生活质量不断提高，海洋旅游业繁荣发展。与以前发展阶段相比，这一时期的旅游形式和范围更加广泛，海洋旅游活动真正成为具有社会性的大众活动，活动内容兼具个性特色。

1. 西方现代海洋旅游

第二次世界大战结束后，经济发展、技术进步、世界和平，推动了国际经贸合作的广泛发展。一方面，部分国家出台促进海洋旅游发展的政策法规。如部分国家开放国际航线，实行自由货币兑换、签证免签等政策，促进国际人才、资金等要素的流动，极大促进了国际海洋旅游的发展；另一方面，战后南美洲、亚洲、非洲等许多国家相继独立，促进了这些地区海洋旅游资源的开发，尤其是热带地区的海洋国家海洋旅游资源丰富多样，如东南亚的新加坡、马来西亚、印度尼西亚，加勒比海的牙买加、巴马哈等。到 21 世纪这一海洋世纪，海洋旅游发展更是被世界海洋国家提升到国家战略层面，纷纷出台各种关于海洋旅游的规划战略。

大型客机的使用、私家汽车的推广加速了海洋旅游的普及。从 1919 年德国开通了世界上第一条国内民用航线，到 20 世纪 70 年代美国泛美航空公司首次使用新型波音 747 客机，国家旅游包机业务逐渐走向成熟。1946～1955 年，美国轿车保有量由 250 人一辆迅速增长至 3.2 人一辆，1993 年达到 1.8 人一辆，今天大多数美国家庭至少有 2 辆车。选用私家汽车出行更加灵活便捷。

2. 中国现代海洋旅游

中国的现代海洋旅游起步较晚，萌芽于 20 世纪 80 年代。当时，北起丹东，南至防城，中国 18000 多公里的海岸线，掀起了滨海旅游开发热潮。海滨城市青岛、大连、北戴河、鼓浪屿、普陀山、三亚等，当时已是全国著名的消暑避夏的旅游胜地。当时的旅游项目主要是海水浴、观海景、尝海鲜的传统观光旅游，进入20世纪90年代，海洋旅游项目逐渐拓展为刺激性与参与性强的划船、滑水、冲浪、帆板、游钓、海上快艇、海滩球类活动等，海洋旅游业开始被沿海及海岛地区作为区域发展的先导产业。21世纪，中国现代海洋旅游进入全面发展阶段，从海洋旅游的相关学术研究，到海洋旅游资源开发、海洋旅游产品设计、海洋旅游市场开拓，再到海洋旅游持续发展，海洋旅游成为区域旅游的重要组成部分，成为区域经济发展的增长极。

3. 现代海洋旅游的特点

现代海洋旅游更为大众化。与以前的海洋旅游活动相比，现代海洋旅游主体已不仅局限于社会的上层，海洋旅游不再单纯的是一种精神享受，已发展成放松休闲、满足好奇与求知欲、实现自我提升的社会化活动。

现代海洋旅游空间广阔，产品结构丰富。海洋旅游从最初的文明古国到欧洲大西洋沿岸、地中海沿岸，扩展到世界上任何具有可开发海洋旅游资源的国家和地区。现代海洋旅游由以温带海洋旅游为主，逐渐发展为以热带海洋旅游为主。海洋旅游活动空间已发展为海滨、海面、海底、海上、海空多维立体空间。海洋旅游产品更加丰富，组合形式多样，可以满足不同层次和需求的旅游者。

现代海洋旅游的主题性、概念化更加突出，呈现商业化、规模化和专业化趋势。现代海洋旅游在发展传统标准形式的同时，个性主题游更受欢迎。由于出行工具的多样化和便利化以及人们整体受教育水平的提高，相比传统的包价跟团旅游，新兴的自助游、自驾游能更好地满足游客的旅游需求，能使游客更随性地体验海洋旅游的乐趣。随着人们发展理念的改变、海洋环保意识的增强，海洋生态游悄然兴起，已经成为21世纪休闲旅游时代的主题，兼具健康与环保特点，充分体现了人类文明的进步。

二　现代海洋旅游的发展模式

海洋旅游经过一个多世纪的发展，从最初的附属于陆地旅游到现代海洋旅游，已经成为经济发展的重要组成部分。世界不同海洋国家基于自身海洋旅游资源、国家经济社会等条件，形成了不同的发展模式。最典型的有以美国、英国为代表的经济发达国家模式，以西班牙为代表的旅游发达国家模式，以印度为代表的经济不发达国家模式，以马尔代夫、斐济等为代表的岛国模式。① 本文综合比较国际几大海洋旅游经济发展模式，做出如下分析。

（一）海洋旅游的经济功能

海洋旅游业已经成为世界海洋国家重点发展的新兴产业。不同国家经济社会发展条件不同，决定了海洋旅游经济在国民经济中发挥的作用和功能也不尽相同。综合来看，海洋旅游的主要经济功能有以下几个方面。

1. 赚取外汇，实现国际收支平衡

以西班牙为代表的旅游发达国家模式和以马尔代夫、斐济为代表的岛国模式这一功能比较突出。其中重要的原因在于，这些国家海洋旅游资源丰富，且距离旅游经济客源市场比较近，拥有便利的交通，国际海洋旅游收入呈现顺差。

2. 增加就业，稳定社会秩序

以美国、英国为代表的经济发达国家模式这一功能比较突出。这些国家经济水平较高，国内旅游和入境旅游都比较发达，既是世界旅游市场重要的客源国，也是重要的旅游目的地国家。海洋旅游业作为服务业，是扩大就业的有效途径。而且海洋旅游业的就业门槛相对于高科技产业较低，能够覆盖更多的社会阶层，从而起到更好地平衡分配制度、稳定社会秩序的作用。

3. 促进地区经济发展

虽然所有发展海洋旅游的国家都期望海洋旅游可以有效带动经济发展。但是对于那些经济不发达的国家或地区，这一经济功能的地位更加突出。相对于发展农业和工业，拥有碧海蓝天、阳光沙滩的国家或地区开发海洋旅游资源更容易在短期内获得更多的经济收益。

4. 作为一种社会文化活动，丰富人们的精神文明生活

在具有良好经济基础的国家，有的将开展旅游活动、发展旅游业作

① 龙潜颖、杨德进：《欧盟海洋旅游发展战略及政策支持研究》，载杨德进主编《海洋旅游——国家视线与实践探索》，中国旅游出版社，2015，第 66～71 页。

为一种社会福利，比如奖励旅游等。独联体与许多东欧国家的国内旅游属于此类。有的国家则把旅游业置于文化部或体育、娱乐部的管辖之下，如澳大利亚把旅游活动看作体育活动。

（二）旅游经济管理体制

每个国家都有管理旅游经济活动、制定旅游决策的机构或组织，但不同国家的旅游管理机构的地位、权利和职能并不相同。综合来看，旅游管理组织可以大致分为以下几类。

1. 政府官方组织机构

这种机构属于国家行政管理机构，完全由政府直接管理，由这些国家级旅游管理机构制定全国性重大的旅游决策与规划。这种机构大致存在三种形式。一是拥有完整的部级或相当于部级的国家旅游局，如埃及、泰国、墨西哥、叙利亚等。二是与其他部门合成一个部，如意大利为旅游和娱乐部，法国为邮电、工业和旅游部，葡萄牙则为商业与旅游部。三是旅游管理职能隶属于政府的某一部级职能管理机构，如日本的旅游管理隶属于运输省，挪威的旅游管理则隶属于交通部等。

2. 半官方管理机构

这种机构不属于政府职能部门。政府一般只委派这种机构的负责人负责部分经费，主要具有推销协调作用，行政管理较松散，不直接干预旅游企业的经营管理。这种形式在欧美发达国家比较普遍。机构形式比较多样，在有的国家以半官方旅游局的形式存在，如爱尔兰、瑞典、芬兰、丹麦等；有的以行业协会的形式存在，如新加坡旅游促进协会、美国国家旅游协会等。

3. 国家大型龙头旅游企业

由国家大型龙头旅游企业代行国家旅游组织的管理职能，如捷克的“切多克”旅行社、马来西亚的国家旅游发展公司等。通过大型龙头旅游企业带动，有助于完善国家旅游服务体系，构建旅游者、旅游中介机构与旅游地间的网络结构。该种管理体制具有两大显著特征：一是旅游从业者通常具有较高专业素养；二是国家旅游导引服务发达。

（三）旅游经济经营体制

国家旅游经济的经营形式、经营结构与国家的经济发展战略和政策体制密不可分，总体来看，主要分为以私营企业为主和以国有企业为主两大类。

1. 以私营企业为主导、以小企业为主体

这种形式主要出现在经济比较发达、市场经济较为成熟的发达国家。大型的旅游企业在国家旅游经济中占有重要地位，如美国的旅馆联号拥有全国 60% 的旅馆。同时在旅游经济发展历史悠久的国家，小型旅游企业发挥着不可替代的作用。如英国旅馆业平均客房规模大约为 20 间，拥有超过 100 间客房的大型旅馆仅占全国旅馆数的 1% 。

2. 以国有企业为主

这种模式主要出现在发展中国家，或是后起的旅游国家。由于经济基础有限，通常举全国之力，成立专门的旅游开发公司（或持有该公司大部分股份），如印度、巴基斯坦等国家均采用这种模式。

3. 外国旅游企业主导着本国旅游经济的发展

这种模式主要出现在地域狭小、人才缺乏但旅游资源丰富的岛国，如斐济、马达加斯加、马尔代夫等引进外资，充分利用外资与外国管理经验发展旅游经济。尤其是在旅馆业，外国的旅馆联号、旅馆管理公司或外籍人员起支配作用。

三　中国现代海洋旅游发展对策

（一）海洋旅游发展现状

进入 21 世纪，中国现代海洋旅游呈现蓬勃发展态势，国家层面在海洋旅游转型升级方面做了众多有益尝试与探索。2005 年，滨海旅游业增加值为 2031 亿元，占全国主要海洋产业总产值的 29.7% ，已经成为海洋经济发展的支柱产业。2020 年，滨海旅游业增加值为 13924 亿元，占全国主要海洋产业总产值的比重达到 47.0% ，在海洋经济发展中占有举足轻重的地位（见图 1）。现代海洋旅游经济增速显著，类型丰富，开发内容灵活多样，形成了大批具有相当知名度和美誉度的滨海旅游品牌①，

① 李东成：《论山东民俗文化资源的旅游开发》，《齐鲁文化研究》2003 年第 00 期。

成为旅游产业的一大亮点。但不可否认，海洋旅游资源开发仍存在一些亟待解决的问题，这些问题阻碍了现代海洋旅游质量的提升。

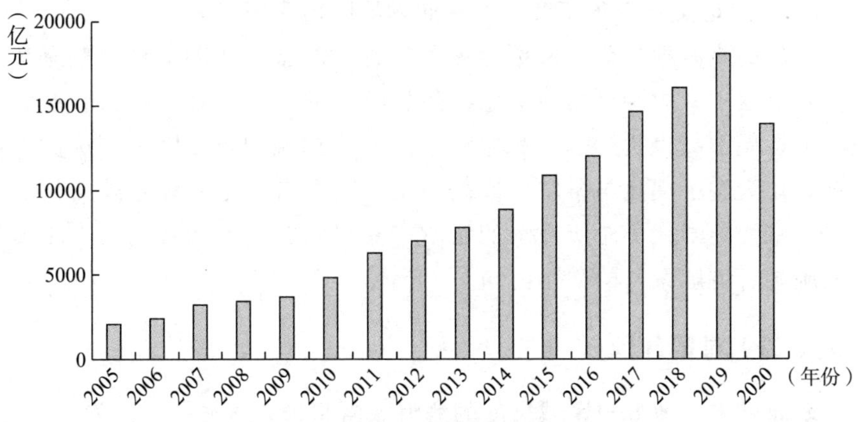

图 1　2005～2020 年中国滨海旅游业增加值

资料来源：2005～2020 年《中国海洋经济统计公报》。

1. 开发与管理体制滞后

部分地区海洋旅游项目单一，形式雷同，缺乏辨识度，各地多从本地利益出发进行单个项目开发，缺乏完整的开发规划设计[①]；海洋旅游文化挖掘层次较低，缺乏深度开发，多停留于观光性、展示性的旅游开发活动。目前开发的海洋旅游项目管理体制存在分割性，多分属于不同管理部门，缺乏对海洋旅游资源的整体性和系统性开发。在运作方式上，中国沿海地区滨海旅游多以企业化运作的方式进行开发和经营，部分景区违背可持续发展原则，过分追求经济利益，破坏整个旅游市场的秩序。如滨海地区的民俗旅游资源开发形式雷同，无序重复建设，导致特色不突出；旅游资源、活动形式和客源市场大同小异，加剧了对同类目标客源市场的分流，形成恶性竞争。

2. 开发力度不够，精深文化挖掘不足

在海洋旅游资源实际开发中，高品位的旅游资源并没有开发出良好的旅游产品。有些地区具有良好的资源条件，但未能将资源优势变为经济优势或者产业优势。许多隐性文化、非物质文化是开发的弱项，表现为没有载体或发掘不深、表现形式不佳等问题，难以满足游客对海洋文

---

① 赵玉杰：《山东海滩旅游文化深层次开发的思考》，《中国渔业经济》2015 年第 5 期。

化的深层次体验需求，缺乏通过与旅游者互动以挖掘和充分展示海洋旅游资源的文化内涵。

3. 旅游地文化形象不突出，从业人员队伍素质不高

突出的旅游地文化形象更能激发旅游者的旅游活动动机。在海洋旅游开发过程中，旅游目的地刻意模仿旅游者的文化和社会行为状态。从业人员素质不高也是影响滨海旅游资源文化挖掘的重要因素。从业人员不单单作为旅游文化与游客之间的桥梁，其本身也是一种旅游文化的体现。但有些导游人员对所介绍的旅游产品只知其一不知其二，不能很好地向旅游者讲解景点的文化内涵。

（二）对策建议

面向未来，地方与区域尺度的滨海旅游是未来旅游产业的发展重点。截至 2021 年 7 月，中国沿海已申报海岸海洋自然环境、海洋历史文化相关世界遗产地 5 个，占全国 56 个世界遗产地的 9%。① 这在保护海洋资源的同时极大地提升了沿海区域海洋旅游的感知度和吸引力。本文结合现代海洋旅游发展历程及典型发展模式，对中国现代海洋旅游发展提出以下建议。

1. 完善政府引导职能，构建市场主导型管理体制

海洋旅游资源在开发过程中，往往涉及水利、交通运输、工业、渔业、港口、军事等多个部门②，各主管部门管理职能存在交叉，亟须强化政府的引导服务职能，建立协同机构统筹各方，通力合作，通过制定宏观层面的海洋旅游发展规划，积极拓展海洋旅游发展空间，引导海洋旅游发展方向；优化配套政策法规体系，为规范海洋旅游活动提供有力的政策支撑和法律保障。同时，优化海洋旅游产业发展环境，在海洋旅游产品结构升级方面，充分发挥市场的主导作用。③

2. 创新海洋旅游开发路径，加强集群化发展

基于多元化市场定位，从产品形式、服务质量以及基础配套设施等

① 张振克、毕墨、吴皓天：《中国海岸与海洋旅游面临的挑战与发展战略》，《中国生态旅游》2021 年第 4 期。

② 张振克、毕墨、吴皓天：《中国海岸与海洋旅游面临的挑战与发展战略》，《中国生态旅游》2021 年第 4 期。

③ 游庆军：《我国滨海旅游发展模式研究》，《西部旅游》2021 年第 1 期。

方面推进海洋旅游的融合发展。尤其针对海洋旅游产品同质化、分散化、低层次发展现状，通过构建大型海洋旅游综合体，加强海洋旅游集群化发展。在海洋旅游资源开发形式上注重向海上、海底旅游拓展，在空间上向深远海以及腹地拓展，构建立体化海洋旅游空间；在海洋旅游资源开发深度上，深度挖掘海洋旅游资源蕴藏的文化特色，打造高端海洋旅游项目，形成多层次海洋旅游产品体系。

3. 坚持生态优先原则，推动现代海洋旅游绿色化、低碳化发展

随着现代海洋旅游资源开发的深入，人类活动对海洋资源环境产生了巨大影响。[①] 滨海生物资源质量退化、生物多样性降低、海洋生态系统承载力下降等问题严重制约海洋旅游的可持续发展，改善海洋环境已经变得非常紧迫，现代海洋旅游必须向绿色化、低碳化转型。首先，树立海洋思维，在开发近岸及海上旅游时，切实做好海洋旅游资源开发对海洋生态系统影响的评估；加强对海洋旅游全过程的监督，实施合理规划、有序开发，杜绝粗放式开发模式；对受损海洋旅游资源做好生态修复，并定期维护。其次，加大对海洋生态环保的宣传力度，通过设立海洋保护区、国家海洋公园、海洋科学研究及生态保育场馆等多种形式，培养大众的海洋保护意识，减小旅游者在旅游过程中对海洋生态的影响。

4. 加强专业人才队伍建设，不断提升海洋旅游服务水平

海洋旅游专业人才团队是实现高品质现代海洋旅游的重要基础。首先，不断创新海洋旅游专业人才的培养模式。一方面，依托国内涉海高水平旅游院校、教育培训机构，加强海洋专业知识的学习；另一方面，以市场需求为导向，推广校企联合培养模式，在工作实践中提升海洋旅游从业人员专业技能与服务水平。其次，充分利用当前发展高水平对外开放的机遇，以“引进来、走出去”等多种形式，加强涉海旅游专业高端人才的引进、相关学术交流等，拓展海洋旅游从业人员的视野与工作维度。最后，完善留住涉海专业人才的配套支撑体系。引育人才并非一蹴而就，应制定人才政策，为涉海旅游专业人才提供充足的发展空间和安心稳定的良好工作环境。

---

① 林孟龙、林明水、李永棠等：《海洋旅游发展的蓝色经济转向研究》，《中国生态旅游》2021 年第 4 期。

The Enlightenment of the Evolution of Modern Marine Tourism to the Development of China's Marine Tourism

Zhu Jianfeng

(Shandong Marine Economic and Cultural Research Institute, Shandong Academy of Social Sciences, Qingdao, Shandong, 266071, P. R. China)

Abstract: Marine tourism economy is a social phenomenon produced and developed under certain social and economic conditions. Firstly, this paper expounds the evolution and stage characteristics of modern marine tourism, and then summarizes the experiences of overseas typical marine tourism development models, the problems existing in the development of China's marine tourism include the lagging development and management system, the insufficient development, the insufficient excavation of profound culture, the un-outstanding cultural image of the tourist destination and the low quality of the personnel, finally, the paper puts forward some suggestions: Perfecting the guiding function of the government, constructing the market-oriented management system, innovating the development path of marine tourism, strengthening the development of cluster, adhering to the principle of giving priority to ecology, we will promote the green and low-carbon development of modern marine tourism, strengthen the development of professional personnel, and continuously improve marine tourism services, with a view to contributing to the high-quality development of marine tourism.

Keywords: Marine Tourism; Talent Team; The Culture of the Destination; Management System; Market Leading Type

（责任编辑：孙吉亭）

生态文明视域下中国海洋空间规划研究*

杨振姣　张　寒　牛解放**

摘　要　海洋空间规划是实现人海和谐的重要工具，通过空间思维的运用，合理布局和利用海洋资源，从而促进海洋保护性开发，实现经济、社会和生态的可持续发展目标。本文基于生态文明视角，分析了中国现行海洋空间规划的现状并对其存在的问题进行剖析，深入探索生态文明建设理论对中国海洋空间规划的适用性，分别从海洋空间规划的编制、区划分类体系的调整、区划保障体系的完善等方面阐述了中国海洋空间规划的优化路径，从而不断完善中国海洋空间规划体系，维护中国海洋生态安全，促进中国海洋生态文明建设和“海洋强国梦”的实现。

关键词　海洋空间规划　海洋生态安全　海洋生态文明　污染物　人海和谐

* 本文为2020年山东省自然科学基金面上项目“山东半岛‘海洋生态安全屏障’构建研究”（项目编号：ZR2020MG066）的阶段性成果。

** 杨振姣（1975～），女，博士，中国海洋大学国际事务与公共管理学院教授，主要研究领域为海洋政策、海洋生态安全、全球治理。张寒（1997～），女，中国海洋大学国际事务与公共管理学院硕士研究生，主要研究领域为海洋生态治理。牛解放（1995～），男，中国海洋大学国际事务与公共管理学院硕士研究生，主要研究领域为海洋空间规划。

海洋空间是人类赖以生存和发展的重要基础和载体，海洋空间规划是重要的海洋空间资源管理工具，合理的海洋空间规划能够对各类用海活动形成良好的约束和引导，促进海洋空间资源利用向高效、低耗方向升级转变，进而推动海洋生态文明建设进程，为中国逐步由海洋大国向海洋强国转变提供助力。然而，中国经济的快速增长促使人们对资源的依赖程度提升，人类对海洋空间资源的开发利用程度日益提升，各项生产活动逐渐向海洋空间拓展，排入海洋的工业废弃物和污染物等对海洋生态环境的破坏难以修复，海洋生态安全问题随之凸显，人类生命财产安全受到威胁。这就需要完善的海洋空间规划体系来合理组织人类用海活动，保持海洋资源开发和生态保护的协调与平衡。中国海洋空间规划体系并不完善，各类用海矛盾持续存在，海洋生态安全遭受严峻挑战，海洋生态文明建设困难重重，因此基于生态文明视角，构建基于生态系统的海洋空间规划体系，将是保证中国海洋可持续开发利用、促进海洋生态文明建设的必然选择。

一　中国海洋空间规划现状

海洋空间是一项重要的海洋资源，人类用海规模的不断扩大和用海方式的无序性加剧了用海矛盾，导致海洋空间资源的利用效率下降，海洋生态安全问题逐渐恶化。海洋空间资源的有效开发利用需要合理的海洋空间规划体系来进行规范，然而，相较于成熟的陆域空间规划，海洋空间规划的发展起步较晚，现在还处于探索和发展时期，空间规划的生态理念还未得到完全体现。研究海洋空间规划需要了解其概念，通过梳理国内外学者对海洋空间规划的概念界定，可以更好地了解中国的海洋空间规划现状。

（一）海洋空间规划概念

国内外对海洋空间规划的概念有不同的理解。在国际上，Ehler 和 Douvere 认为，海洋空间规划是指在分析和分配三维海洋空间利用情况的基础上，通过制定和实施政策实现生态、经济和社会三大目标。① 此外，

① C. Ehler, F. Douvere, “New Perspectives on Sea Use Management: Initial Findings from European Experience with Marine Spatial Planning,” *Environmental Management* 90 (2009): 77 – 88.

一些重要的国际组织也对海洋空间规划进行概念界定，海洋空间规划的基本思想就是联合国教育、科学及文化组织（UNESCO）在2006年第一届海洋空间规划国际研讨会上提出的，即将生态环境保护作为前提和基础，兼顾生态、社会和经济可持续发展目标的实现，为海域利用制定战略框架。① 欧洲经济共同体委员会（CEC）在2007年指出，海洋空间规划是改善海洋环境质量、实现海洋可持续发展的基本手段和工具。② 国内学者对海洋空间规划的研究多是从具体的规划类型出发，涉及海洋空间规划概念的研究较少。王金岩指出，海洋空间规划是以动态变化中的海洋空间为基础，以探析海域的基本特征和变化规律为依托，协调人类活动与海洋空间之间的作用关系，为海洋空间的发展提供不同层次的策略，并付诸实施和进行管理的过程性活动。③

关于海洋空间规划的概念，虽然不同的学者有不同的意见，但总的来说，海洋空间规划的内涵具有以下基本特点：第一，海洋空间规划是在人类加大对海洋资源的开发与掠夺力度、用海矛盾不断加剧的背景下提出的，如何实现海洋资源可持续利用、解决用海矛盾是海洋空间规划要解决的关键问题；第二，海洋空间规划是空间规划技术在海洋领域的具体运用，海洋空间规划的编制、实施、管理、监督等步骤都需要专门的技术条件作为支撑；第三，海洋空间规划实质是一项海洋管理政策，政策的制定与实施需要政府各相关部门的协调运作，共同促进该项政策发挥应有的作用；第四，海洋空间规划要达成生态、经济和社会目标，不仅要兼顾人类社会经济发展要求，更要维护海洋生态安全，实现人与自然的和谐发展。基于此，本文对海洋空间规划做出以下概念界定：海洋空间规划是以海洋生态系统保护为基础，调节海洋开发利用与治理保护之间的关系，规范人类海洋开发利用活动，促进海洋资源优化配置，保障蓝色经济持续健康发展的综合管理方式。

---

① 狄乾斌、韩旭：《国土空间规划视角下海洋空间规划研究综述与展望》，《中国海洋大学学报》（社会科学版）2019年第5期。

② Commission of the European Communities(CEC), *An Integrated Maritime Policy for the European Union*(Brussels: COM, 2007), p. 6.

③ 王金岩：《空间规划体系论——模式解析与框架重构》，东南大学出版社，2011。

（二）现阶段中国主要的海洋空间规划

中国海岸线总长 3.2 万公里，其中大陆海岸线 1.8 万公里，岛屿海岸线 1.4 万公里，绵长的海岸线为中国带来了丰富的海洋资源，其中海洋空间就是一种重要的资源。为了合理地开发利用海洋空间，更好地促进经济社会与生态的协调发展，中国相继制定了多种多样的海洋空间规划。其中最主要的有海洋主体功能区规划、海洋功能区划、海洋生态红线制度、围填海计划，此外还有较多的空间性海洋专项规划。

1. 海洋主体功能区规划

2015 年 8 月 20 日，国务院印发的《全国海洋主体功能区规划》是推进形成海洋主体功能区布局的基本依据，是海洋空间开发利用的基础性和约束性规划。该规划将陆海统筹、尊重自然、优化结构、集约开发作为基本原则，遵循自然规律，根据不同海域资源环境承载能力、现有开发强度和发展潜力，合理确定不同海域主体功能，科学谋划海洋开发，调整开发内容，规范开发秩序，提高开发能力和效率，着力推动海洋开发方式向循环利用型转变，实现可持续开发利用，构建陆海协调、人海和谐的海洋空间开发格局。①

海洋主体功能区规划是依据主体功能，将海洋空间划分为四类。第一类，优化开发区域，是指现有开发利用强度较大，资源环境约束较强，产业结构亟须调整和优化的海域。第二类，重点开发区域，是指对经济社会发展比较重要且发展潜力较大，资源环境承载能力较强，可以进行高强度集中开发的海域。第三类，限制开发区域，是指以提供海洋水产品为主要功能的海域，包括用于保护海洋渔业资源和海洋生态功能的海域。第四类，禁止开发区域，是指对海洋生物多样性、典型海洋生态系统保护具有重要作用的海域，包括海洋自然保护区、领海基点所在岛屿等。

2. 海洋功能区划

海洋功能区划，是指按照海域的自然地理位置、资源状况、环境约束和社会发展需求等要素划定各类不同的海洋功能类型区，用来指导、

① 《国务院关于印发全国海洋主体功能区规划的通知》，http://www.gov.cn/zhengce/content/2015-08/20/content_10107.htm，最后访问日期：2022 年 6 月 27 日。

约束人类在海上的开发利用实践活动，保证和提升海洋开发的经济、环境和社会效益。① 中国海洋功能区划进行了四次相对较大的发展变革。第一次是20世纪80年代末，海洋功能区划使用小比例尺和“五级三类”分类体系。第二次是20世纪90年代末，海洋功能区划开始向大比例尺转变，使用“五级四类”分类体系，五级分别为开发利用区、整治利用区、海洋保护区、特殊功能区、保留区，四类分别为大类、子类、亚类、种类。进入21世纪，海洋事业快速发展，新兴海洋产业的发展需求促使新的海洋功能区划出台。第三次是2002年，此时海洋功能区划使用“十级二类”分类体系。第四次是2012年，此时海洋功能区划使用“八级二类”分类体系，也就是中国现行的区划标准。

3. 海洋生态红线制度

“红线”一词来源于城市规划领域，是指不可逾越的界线或禁止进入的范围，具有法律强制效力。② 海洋生态红线制度以维护海洋生态健康与生态安全为目标，以重要海洋生态功能区、生态敏感区和生态脆弱区为划分依据③，以实施重点、分类管控为推进路径，是海洋保护领域一项重要的制度安排。海洋生态红线既是一条维护海洋生态功能的地理区域边界线，同时也是一条相关管理指标的控制线。④ 海洋生态红线区面积控制指标、大陆和海岛自然岸线保有率控制指标和海水质量控制指标是《海洋生态红线划定技术指南》确立的评价生态红线管理效果的三大指标。

4. 围填海计划

中国沿海地区多为经济发达地区，城镇化率极高，土地资源显得十分有限和稀缺，填海造陆就成为许多城市人为增加土地资源的重要方式。“十一五”期间，沿海各省份已经完成和计划实施的围填海面积达到

---

① 林静柔、陈蕾、李锋、张晓浩：《国土空间规划海洋分区分类体系研究》，《规划师》2021年第8期。

② 李双建、杨潇、王金坑：《海洋生态红线保护制度框架设计研究》，《海洋环境科学》2016年第2期。

③ 胡斌、陈妍：《论海洋生态红线制度对中国海洋生态安全保障法律制度的发展》，《中国海商法研究》2018年第4期。

④ 陈君怡：《严守海洋生态红线　强制预防陆源污染——就海洋生态红线制度访国家海洋局副局长孙书贤》，《中国海洋报》2017年6月22日，第1版。

5000 平方公里。[①] 围填海虽然扩大了陆地面积，却使沿海湿地、滩涂等重要的海洋资源减少，在促进城市发展的同时造成了严重的海洋生态环境破坏。为保护海洋生态环境，中国开始了围填海计划管理，严格控制围填海项目数量，根据海洋功能区划、海域资源特点、生态环境现状和经济社会发展需求等实际情况，按照适度从紧、集约利用、保护生态和陆海统筹的原则进行围填海管理。

5. 空间性海洋专项规划

空间性海洋专项规划，是指一些具有空间属性的涉海规划，专门用于某项具体的海洋管理，如海岛保护规划、港口利用规划、滨海旅游规划、区域用海规划等。以海岛保护规划为例，中国海岛众多，海岛对发展海洋经济、拓展发展空间、保护海洋环境和维持生态平衡意义重大，尤其对捍卫国家权益、保障国防安全具有重要的战略意义。为加大对海岛及其周边海域生态系统的保护力度，加快对海岛资源的合理、高效开发利用进程，中国高度重视国家海洋权益维护，制定《全国海岛保护规划》。海岛分类保护要求严格保护特殊用途海岛、强化有居民海岛的生态保护、适度利用无居民海岛。同时通过分区保护海岛，细分海岛保护范围，依据海岛分布的紧密性、生态功能的相关性、属地管理的便捷性，结合国家及地方发展规划，立足海岛保护工作的需要，将黄渤海区、东海区、南海区和港澳台区作为 4 个一级海岛区，注重区域内的统一性和区域间的差异性。

二　生态文明视域下中国海洋空间规划存在的问题

生态文明建设是关系国家发展的千年大计，是经济社会发展不能触碰的底线，就海洋领域来说是一切海洋事业发展的基础，是中国实现“海洋强国梦”的重要保障。然而，中国海洋开发利用状况却为海洋生态文明建设增加了阻碍。有效规范海洋资源开发利用是海洋空间规划的重要功能之一，因此把生态文明建设理论运用于海洋空间规划中有利于

① 李倩：《实行“史上最严围填海管控措施”并非说说而已》，《中国自然资源报》2018 年 12 月 11 日，第 3 版。

海洋治理。分析生态文明理论对中国海洋空间规划的适用性，有利于从生态文明建设角度找出中国海洋空间规划中存在的问题。

（一）生态文明理论对中国海洋空间规划的适用性

海洋空间规划的特性在于其在生态环境保护的基础上进行海洋空间资源的开发、利用和保护，以期实现经济、社会、生态效益，传统的海洋空间利用强调经济效益而忽略生态和社会效益，而生态文明理论强调人与自然和谐发展，具体到海洋领域就是强调人海和谐。统筹海洋生态保护与资源开发利用，能够在一定程度上消除海洋空间利用中的一些弊端，促进人海和谐。

1. 内容的交叉性和目标的一致性

生态文明是一种综合的社会形式：它是一种全新的经济发展方式，大力发展绿色生产力，发展绿色产业，推进产业结构优化升级和生态化发展，减少生产造成的环境破坏；它是一种全新的生活方式，发展绿色消费方式，增强绿色环保意识，开展环保教育；它是一种全新的制度内容，推进生态环境治理法治化，严格生态环境监管，探索经济发展与生态保护协调发展的政策制度；它是一种全新的文化内容，强调人与自然和谐相处，强调生态权利与生态义务的统一，强调生态保护的整体性，强调人类社会与生态环境的共生性，共同开发，共同保护。就海洋生态文明建设来看，其核心命题就是要“形成并维护人海和谐的关系”，确保海洋生态系统始终处在一种健康状态，确保海洋生物多样性的动态平衡，尤其要保护稀有物种的适宜生境，确保海洋矿物资源开发利用在安全范围内。同时，海洋环境、海洋经济以及社会整体都要处于一个良好、和谐状态。中国各项海洋空间规划编制和实施的目标之一就是通过合理规划利用海域，协调处理海洋开发和保护以及海域利用牵涉的各类错综复杂的利益关系，实现海洋空间的可持续发展。因此，生态文明建设与海洋空间规划具有内容上的交叉性和目标上的一致性。

2. 生态文明为解决海洋空间规划问题提供指导

生态文明是以生态系统健康稳定为基础，主张最低限度地利用自然资源，减少人类活动对生态环境的破坏，以形成资源节约、环境友好、社会和谐的生态格局。海洋生态文明建设可以有效梳理和解决海洋开发利用与海洋保护之间的矛盾问题。海洋生态文明建设强调的是过程和结果都要体现可持续的要求，将生态文明理念融入各项海洋空间规划编制、实施和监测评估等各个环节，通过发扬海洋生态文化、宣传生态保护意识等增强中国海洋生态“软实力”，同时吸纳多元主体参与海洋生态保护工作，对规划过程中参与主体单一、公众生态意识淡薄、海洋生态文化薄弱等方面的问题予以改善和一定程度的解决。另外，中国现阶段的海洋空间规划存在经济效益优先、生态效益滞后的现象。海洋生态文明建设的开展，将有效解决海洋经济发展和生态保护难以协调的问题，使生态至上的理念深入人心并贯彻落实到各项海洋事务中。

3. 海洋生态文明已成功应用于海洋管理实践

海洋生态文明建设主要目标包括：一是将海洋生态系统受人类活动的影响降至可控范围；二是对海洋生态问题采取措施进行补救，防止因海洋生态环境破坏和海洋资源短缺而引发人们的不满，从而导致社会格局的动荡；三是促进人海和谐发展。在山东半岛蓝色经济区建设和发展过程中，海洋生态文明建设倡导多元主体协同治理，建立生态补偿制度，山东半岛蓝色经济区的生态环境问题得到改善，同时对该海域原有区划中违背海洋生态效益发展的编制进行了相应调整和进一步完善，为山东半岛蓝色经济区的可持续发展提供了动力和保障。另外，浙江、江苏等省份在海洋经济发展过程中也产生了诸多生态环境问题，其现行的各项海洋空间规划也暴露出漏洞和不足，将海洋生态文明建设与可持续发展战略协同实施，两者相辅相成、相互促进，对解决中国沿海省份在海洋生态管理实践中存在的问题起到了积极有效的作用，同时也对现行海洋空间规划存在的不足提供了完善的修改依据，为促进海洋经济和海洋生态协调发展注入了推动力。

（二）生态文明视域下中国海洋空间规划存在的问题

海洋生态安全与海洋空间规划是相互促进、相互影响的关系，把海洋生态文明建设融入海洋空间规划的编制与实施中，能够促进各项海洋空间规划的完善；同时，海洋空间规划的目标之一是维护海洋生态安全，促进人海和谐。而现阶段中国海洋空间规划体系还不完善，需要从海洋生态文明建设角度审视中国海洋空间规划存在的问题，从而为完善中国海洋空间规划体系提供参考。基于生态文明角度的分析，现阶段中国海洋空间规划还存在以下问题。

1. 经济导向而非生态导向

虽然海洋生态安全不断被呼吁和重视，海洋空间规划也涉及海洋生态环境治理的相关要求，但是许多海洋空间规划在实际运行中由于海洋功能的多重性和用海项目的复杂性，兼顾海洋生态安全和经济增长是很难实现的，一般优先关注眼前的利益诉求，而忽略对社会和生态未来长久的影响和破坏。海洋特定区域的自然属性是进行海洋空间规划的基础和先决条件，社会属性作为统筹兼顾的必备条件存在，而在实际规划过程中却以海洋的经济功能为导向，忽略了特定海域的自然条件和生态环境，这就形成了经济导向而非生态导向的海洋空间规划模式。这种经济导向的规划模式把海洋经济发展放在第一位，严重缺乏对生态安全现状的预测和评估，对海洋生态系统的稳定和生态环境的持续健康发展造成了不利的影响。

2. 各项海洋空间规划交叉重叠，缺乏统一

多项具体的海洋空间规划构成了现阶段中国海洋空间规划体系，各项海洋空间规划之间存在交叉重叠，在实施过程中存在职权不明、多重管理等问题。从海洋空间规划管理部门来看，中国涉海管理部门众多，且各部门职能交叉重叠，经常出现多头管理的局面。发展改革部门、环境保护部门、交通管理部门、农业部门以及海洋管理部门等都是重要的涉海管理部门。在海洋空间规划的编制、实施过程中，这些部门都发挥着重要作用，不同部门从有利于各自部门的角度出发，难以做出有效的决策，从而导致各部门之间的冲突和推卸责任。从海洋空间规划的具体内容来看，各项海洋空间规划也存在交叉重叠。重点开发区、优化开发区、限制开发区和禁止开发区是海洋主体功能区规划划分的四大海洋区域。此分类方式与海洋功能区划中的分类体系存在交叉。海洋功能区划中的自然保护区就与海洋主体功能区规划中的禁止开发区存在重叠。

3. 现行海洋空间规划缺乏动态适应性

高速发展的海洋经济和科技以及动态变化的海洋生态环境，使某一海域未来的利用方式和发展方向存在很多不确定因素，中国海洋空间规划目的之一是规定某一特定海域功能的使用类型，海域功能一旦被划定就具有固定性和确定性，对海域潜在的利用价值以及由生态环境变化引起的海域功能变更缺乏适应性。虽然在编制海洋空间规划前会对可预测的不确定因素和海洋功能未来的变更方向进行预测和考量，但无法预估

所有不确定的影响因素。例如，2008 年北京奥运会举办前，为改善北京的环境质量，将首钢迁至曹妃甸，致使曹妃甸沿海工业和港口建设的用地用海需求量大增。[①] 2018 年印发的《全国沿海渔港建设规划（2018—2025 年）》，将加大对渔港经济区建设的支持力度，直接影响农渔业的发展。[②] 这些海洋功能的需求变化很难在一开始编制规划的时候预测到。因此，现行的海洋空间规划对于不确定的海洋功能需求缺乏动态适应性。同时，各项海洋空间规划在实施之后要经过多年才会重新修订，修订海洋空间规划具有滞后性，这在一定程度上加剧了现有海洋空间规划与未来用海空间需求的矛盾。

4. 规划过程中公众参与有名无实

现阶段中国海洋空间规划的技术指南基本上加入了通过公众听证方式参与海洋空间规划结果审核的规定。现行的海洋空间规划中也加入了多元主体参与的内容，但在各类规划实际运行过程中，不管是公众、社会组织还是团体等几乎都很少参与其中。当然，这一方面是由于海洋空间规划编制主体的单一性，另一方面是由于公众参与海洋空间规划的方式、范围等缺乏可行性。再者，衡量公众参与效果的量化指标体系尚未建立。因此，公众参与处于一个有形式而无内容的阶段。

5. 海洋空间规划过程不完善

现阶段中国海洋空间规划过程缺乏规范性。以海洋功能区划为例，首先，现行中国海洋功能区划政策文件对区划过程没有进行全面系统的说明；其次，由于海洋功能区划没有对功能区的海域使用符合程度做出具体说明，同时海洋主管部门以及相关政府部门工作人员对海洋功能区划中用海项目审批问题重视不够。由此引发区划过程中一个突出问题，即只要符合用海项目与现有功能区划规定的使用类型相匹配这一要求，审批就能够通过，进而开发获审的海洋空间资源，而实际用海过程中对生态环境以及海洋生态安全的负面影响却没有被考虑进去。另外，科学、系统的区划评估指标体系尚未形成，因此很难准确并定量评估区划实施的效果，包括执行效果、社会—经济—生态效益和公众参与效果等。

---

① 郭佩芳：《海洋功能区划的矛盾和变革》，《海洋开发与管理》2009 年第 5 期。

② 《全国沿海渔港建设规划（2018—2025 年）》，《中国水产》2018 年第 6 期。

6. 海洋空间规划未得到严格落实

中国海洋空间规划还处于一个探索发展阶段，海洋空间规划体系还不完善，各项规划之间并未形成一种协调统一的状态，致使海洋空间规划尚未得到严格落实。因为个别地方保护主义盛行以及一些行政权属的不明确，部分不法用海人员不惜钻地方法律和行政权属的漏洞，在实际用海过程中，无限扩大自己的用海范围和增加不经允许的使用功能，导致海洋生态环境和生态安全受到严重威胁。据 2018 年国家海洋局发布的《2017 年中国海洋灾害公报》，2017 年，各类海洋灾害共造成直接经济损失 63.98 亿元，死亡（含失踪）17 人，海洋灾害所造成的损害极其惨烈。[①] 总之，中国现行海洋空间规划体系设置与国家行政区划设置存在差距，在一定程度上不能适应中国海洋经济和海洋生态安全相统一的需求，市县级的海洋空间规划需要进行适当压缩和合并，分类分区指标体系需要做进一步量化处理，使规划分类编制更加具有说服力。

三　生态文明视域下完善中国海洋空间规划的对策

海洋空间规划是规范海洋空间资源开发利用的重要工具，合理的海洋空间规划体系既能够促进海洋空间资源的有效利用，又能保障海洋生态安全，实现海洋事业的可持续发展，从而推动中国海洋生态文明建设和“海洋强国梦”的实现。然而，中国海洋空间规划体系还不成熟，海洋空间资源的利用还处于粗放模式，应从多方面不断完善中国海洋空间规划。

（一）基于“多规合一”整合各项海洋空间规划

“多规合一”是中国空间规划改革的一项重大工作，指在同一个区域空间范围内，将国民经济和社会发展规划、城乡规划、土地利用规划、生态环境保护规划等多个规划有效融合，形成达成共识的一本规划、一张蓝图，解决现有各类规划自成体系、内容冲突、缺乏衔接等弊病。中

① 《2017 年中国海洋灾害公报》，http://gc.mnr.gov.cn/201806/t20180619_1798021.html，最后访问日期：2022 年 6 月 27 日。

国的海洋空间规划是由一系列专门的规划构成的，不同的规划由不同的部门主导编制，各部门规划目标和思路、分类标准、分区划定方法、规划期限等差异显著，“多规”并行、海洋空间布局矛盾突出等问题难以有效解决。中国海洋空间规划并未形成一个协调统一的体系。为了更好地开发利用海洋资源、提升海洋空间治理能力、保护海洋生态安全、促进海洋强国建设，应该立足“多规合一”的改革趋势，整合各项海洋空间规划，把海洋空间规划融合到国民经济和社会发展规划、城乡规划中；实施陆海统筹，综合土地利用规划和海洋空间规划的特征，实现海陆结合处的空间治理，最大限度地利用海岸带等资源；在海洋空间规划中重视生态环境的保护，维护海洋生态安全。同时，针对中国海洋空间规划存在多头领导的局面，更应该通过“多规合一”整合各项空间规划的内容、目标、方法等，把各项海洋空间规划中交叉的部分提取出来，并作为规划的焦点，各个部门共同决策，制定出一份统筹性的规划；对于具有不同性质与功能的海域，应在现有相关海洋空间规划的基础上，按照统一的技术方法，由各个部门合作协商，整合成一个统一的规划体系。

（二）将海洋生态文明建设融入海洋空间规划

建设海洋生态文明旨在实现海洋生态保护和海洋资源开发的动态平衡，促进人海和谐。海洋空间规划目的在于通过规划手段，更好地开发利用海洋资源，以更合理有效的方式实现最大化的效益，两者具有目标上的高度一致性。然而，人类社会的发展不可避免会受自然环境条件的约束，海洋经济、海洋事业的发展也受制于海洋生态环境。中国海洋环境污染中最主要的陆源污染、船舶污染以及不合理的海洋开发和海洋工程造成的污染严重损害了海洋生态安全，同时每年在防治海洋生态环境污染上的成本也随着经济的发展不断提高。中国以往的海洋空间规划更多地将重心放在经济发展上，在重要的海洋生态环境保护方面有所疏漏。因此，必须将海洋生态文明融入海洋空间规划的编制和实施中，从而避免出现只注重经济效益而忽视生态效益的局面，以生态保护理念规范人类用海活动，在发展海洋经济的同时保护海洋生态环境，实现海洋空间规划的经济、生态和社会效益。

（三）完善海洋空间规划法律体系建设

完善海洋空间规划法律体系这一系统工程并非一日之功。首先，明确海洋空间规划的立法原则，将保障海洋生态安全置于首位，兼顾多元主体参与、协调性、兼容性等原则，保证海洋空间规划既能指导海洋开发利用实践，又能维护海洋生态系统的稳定和可持续发展。其次，修订《海域使用管理法》，明确海洋空间规划的目标、原则和过程，完善海域权属管理制度、海域使用论证制度、海域有偿使用制度和建设项目用海预审制度等内容，强调海洋生态文明建设的相关要求，以有效指导海洋空间规划法律体系建设。再次，修订和完善《海洋环境保护法》，海洋环境问题是动态变化的，特别是随着开发利用海洋资源的程度不断加深，越来越多的新问题出现，原有的法律体系不再适用于新的环境问题，因此必须时刻关注海洋环境领域的新情况，及时修订、补充和完善相应的法律，以有效保护海洋环境、维护海洋生态安全，从而实现“规划用海”。最后，明确违法责任，对于违反海洋空间规划利用海洋空间资源的行为，明确规定处罚方式、罚款数额和责令整改的具体时间等问题，保证执法“有规可依”。同时，在海洋空间规划法律体系建设过程中，要注重与时俱进，及时吸取国家发展战略中的新思想和新内容，将海洋生态安全作为区划创新改革的重要参考因素，统一制定分类体系标准，明确各项海洋空间规划的兼容功能，明确不同层级的规划任务和要求，公开多元主体参与的具体程序。

（四）完善海洋空间规划过程

海洋空间规划是一个系统的过程，包括准备阶段、编制阶段、实施阶段和评估阶段。中国海洋空间规划过程还不完善，四个阶段的工作还有待改进。在准备阶段，应进行系统全面的调研，对不同海域的水文、气象、物理、化学、生物、地质等分布情况和变化规律进行调查，全面了解每个海域的具体情况，为合理编制符合实际情况的海洋空间规划提供依据。同时，应该提高海洋空间规划的技术水平，通过加强技术人员培训、完善设备等方式为规划编制做准备。在编制阶段，应注重海洋空间规划的整体性与特殊性，系统全面地编制符合中国海洋实情的空间规划。在全面调查的基础上，把各个海域共性的问题归为一类，在全国范围内统一使用同一规划；同时，根据各个海域的特殊情况制定适用性强的单独规划，从而规避规划之间的交叉重叠。此外，在编制过程中还应该加入公众参与环节，集中民智，民主决策，更好地完善中国海洋空间规划。在实施阶段，各相关部门应该严格执行规划，相互合作，推进海洋空间规划的实施。在评估阶段，应该不断追踪，了解实施效果，做出政策反馈，从而解决规划中存在的问题，并进行动态监测，把一些新情况、新问题加入海洋空间规划中，及时调整并修订不适应的海洋空间规划，增强海洋空间规划的动态适应性。

（五）推进海洋空间规划技术支撑体系建设

中国海洋技术、海洋经济和海洋生态安全的快速发展，要求改革和完善海洋空间规划体系。建立一个全方位、多层次的海洋空间规划技术支撑体系，成为中国海洋空间规划改革的重中之重。首先，构建全面、系统的海洋空间规划管理信息系统，支撑“数字海洋”建设，广泛投入和使用网络信息技术，完善各地规划数据库并实现数据共享，详细分析规划数据有助于提高规划决策的科学性和可靠性。其次，将“3S”（GIS、RS、GPS）技术运用到海洋生态系统的监测上，有效整合海洋生态系统和海洋空间资源使用资料，实时掌握海洋生态环境状况（尤其是生态敏感区的环境变化情况），重视岸线、河口和湿地等的资源使用情况和环境污染程度，防止符合海洋空间规划的用海项目破坏海洋生态。最后，构建立体海域空间动态监测系统，实时监测海洋空间资源使用情况，监督、监控规划落实情况和实施效果，确保规划有效促进资源开发利用和生态环境保护。

（六）强化国内人才队伍建设与借鉴国外先进经验并行

强化海洋空间规划的人才队伍建设，要加强规划技术人才、生态科技人才的培养。在海洋生态红线、海岸建筑退缩线等更多前瞻性和探索性的领域，可以选取高校设立海洋空间规划学科和实验室，与相关科研院所联合培养专业人才，建立国家重点实验室、研究所和科技中心等，系统培养“科研 + 实践”复合型的海洋空间规划人才。还要推进海洋基础教育普及，加强公众对海洋空间规划的了解和认知。地方政府应结合本地海情，组织公众开展社会性的海洋空间规划科普和宣传活动，拓宽公众参与海洋空间规划的渠道。

相较而言，英国、比利时、荷兰、德国、挪威、美国、澳大利亚和智利等世界主要海洋发达国家的海洋空间规划体系发展较为完善，可以

借鉴其经验，并根据中国海情，合理完善中国海洋空间规划体系。完善中国的海洋空间规划体系，应结合本国海洋空间管理的基本特征，辨识各级各类海洋空间规划之间的关系，分析归纳国外海洋空间规划类型、规划范畴差异，总结提炼出中国海洋空间规划体系构建的理论基础和实践经验。

四　结论

综上所述，由于中国现行的海洋空间规划体系缺乏对海洋生态环境和生态安全的重视，海洋空间开发利用与生态保护不相协调。随着中国海洋发展阶段性特征和主要矛盾的变化，海洋空间规划标准和方式也必须发生相应改进以满足需求。本文基于生态文明视角针对中国海洋空间规划的相关问题进行深入剖析并提出改进建议、策略和优化路径。中国海洋空间规划存在诸多问题，比如规划体系尚不明确、规划编制技术方法缺乏规范、规划实施管理细则亟须完善等。我们应该积极借鉴海洋发达国家和地区的海洋空间规划实施经验，结合国家可持续发展战略和生态文明建设理念，把海洋生态文明建设融入海洋空间规划编制进程中，有的放矢，有针对性地解决在规划编制、实施、管理过程中的海洋生态破坏问题。另外，要加强对海洋空间规划实施地区的生态监测和评估，及时发现并解决问题，提高中国海洋空间规划的动态适应性。

Research on China's Marine Spatial Planning from the Perspective of Ecological Civilization

Yang Zhenjiao, Zhang Han, Niu Jiefang

(School of International Affairs and Public Administration, Ocean University of China, Qingdao, Shandong, 266100, P. R. China)

Abstract: Marine spatial planning is an important tool to achieve harmony between the people and the sea. Through the use of spatial thinking, we can rationally distribute and utilize marine resources, thereby promote marine protective development, achieve sustainable economic, social and ecological development goals. Based on the perspective of marine ecological security, this paper analyzes the current situation of China's current marine spatial planning and analyzes its existing problems, and deeply explores the applicability of marine ecological security theory to China's marine spatial planning, from the preparation and division of marine spatial planning. The adjustment of the classification system and the improvement of the zoning guarantee system expounded the optimization path of China's marine spatial planning, so as to continuously improve China's marine spatial planning system, safeguard China's marine ecological security, promote the construction of China's marine ecological civilization and the"marine power dream"Implementation.

Keywords: Marine Spatial Planning; Marine Ecological Security; Marine Ecological Civilization; Pollutant; Human-and-ocean Harmony

（责任编辑：孙吉亭）

海洋生态环境赋能“海上福州”建设对策研究

林丽娟*

摘　要　海洋生态环境保护是经略海洋的三大任务之一，是“海上福州”建设的重要保障措施。随着新时代“海上福州”战略规划的持续推进，海洋开发建设力度不断加大，福州市海域面临着资源环境约束、污染物排放超标、滨海湿地生态系统受损等海洋生态环境问题。福州市应严格整治陆源污染、强化海上污染的防控、加强海漂垃圾治理、实施互花米草综合防治、提升围填海管控水平、加大海岸线保护和修复力度、有序推进养殖海权改革，深化海洋生态环境综合治理举措，加快形成海洋经济开发建设活动与海洋生态环境保护相协调的局面，实现福州市海洋经济绿色发展。

关键词　海上福州　海洋生态系统　海洋生态环境保护　陆源排污　海水养殖模式

福州市是海洋资源大市，福州海域地处台湾海峡西部海区，拥有海域面积约 1.06 万平方千米，与陆域面积相差无几；海岸线总长 1310 千米，在全国省会城市海岸线长度排名中，福州名列第一；海岛约 864 个，占全省的 2/5 左右；潮间带滩涂面积约 641.965 平方千米，占全省的 1/3

* 林丽娟（1966～），女，福州社会科学院副院长、副研究员，主要研究领域为区域经济学。

左右；[①] 可供人类生产、生活的海洋自然资源条件相当优渥，为福州进一步做强涉海经济提供了坚实基础。20 世纪 90 年代初期，在主政福建福州时期，习近平同志敏锐地看到当时经济社会发展的实际特点，强调福州向海延伸的发展空间巨大，要发挥海洋资源优势，“再造一个‘海上福州’”。此后，在面积与陆域几乎相等的海域上“再造一个福州”，成为福州发展的重要战略引领。多年来，福州市秉承习总书记在福建福州工作期间关于经略海洋的理论和实践探索，持续践行“海上福州”的战略规划，在海洋经济崛起的征程上砥砺奋进。在新的历史阶段，福州陆续推出打造“三个福州”、加强海洋经济国际品牌建设等战略决策，确定了把建设“海上福州”、发展海洋经济作为福州加快建设现代化国际城市、打造经济增长新引擎的主攻方向。

保护海洋生态环境是经略海洋的三大任务之一，是“海上福州”建设的重要保障措施。党的“十四五”规划在海洋这一单列板块，把海洋生态环境保护作为重点关注问题提了出来，并确立了要加强海洋生态文明建设，实现“水清滩净、岸绿湾美、鱼鸥翔集、人海和谐”的目标。近年来，福州贯彻习近平总书记生态文明思想，大力推进海洋污染防治和生态修复，近岸海域生态环境状况改善显著。但是随着沿海地区人口集聚度的提升和“海上福州”战略规划的推进，新一轮海洋开发建设力度不断加大，临港产业、基础设施和重大滨海建设项目快速发展，福州海域依然面临着陆海两方面带来的多种环境污染和生态破坏问题，非法排污、非法用海时有发生，资源环境约束大、污染物排放超标、滨海湿地生态系统受损等海洋生态环境风险尚未得到有效控制，发展和保护间的矛盾日益显现。应对污染压力，促进海洋生态环境保护，对更好地谋划海洋强市建设、持续推进“海上福州”建设有着至关重要的作用。

一　福州海洋生态环境现状及存在的主要问题

（一）陆源排污管制仍然不到位

陆源污染是海洋环境污染的最主要来源。随着福州社会经济的快速

① 《控海咽喉，“海上福州”风帆再起——聚焦海丝起点（组图）》，https://www.163.com/news/article/A13P4RNH00014Q4P.html，最后访问日期：2022 年 3 月 1 日。

发展，陆地上从工业生产、农业生产、居民生活等渠道排放入海的污染物也在增加，给福州海洋生态环境特别是近岸海域水质带来重大危害。福州工业尤其是一些高污染重化工项目在沿海区域集聚度高，如福清江阴半岛的化工新材料产业集群、连江县东北部的可门临港产业集群、罗源湾开发区的宝钢德盛不锈钢项目和罗源闽光重组项目、环松下港区的食品产业集群等，这些工业企业产生的工业废气、工业废水、工业固体废弃物等污染物给福州市近岸海域环境带来严重的危害。特别是，福州市正迎来“海上福州”建设热潮，这些沿海工业园区项目建设也在加快推进，工业排污如果没有得到显著改善，那么近岸海域环境污染状况就会更加严峻。同时，随着福州市农业种植和畜禽养殖的发展，在粗放型农业生产经营方式尚未彻底转变的情况下，大量农用农药、化肥等废弃物和畜禽排泄物等污染物由于处理不够妥当，通过闽江、敖江、龙江等流域进入海域，引发严重的海洋污染。此外，沿海城镇、乡村人口密度大，污染物处理系统还不够完善，有些地方生活垃圾处理设备陈旧，处理技术落后，甚至有些乡镇仍然存在直排问题，导致氮、磷等含量偏高的生活污染物最终被排进海洋，成为海洋环境污染的重要因素之一。无论是陆地的工业、农业生产排污，还是居民生活排污，这些陆源污染物最终都通过入海排污口排进海洋，给福州海域环境带来重大负面影响，致使福州市一些重要的海湾入海污染物总量依然偏高，近岸海域环境状况改善仍然不如人意。闽江横穿福州市区，沿江企业和人口密集，影响闽江河口区水质的超标因子主要是无机氮和活性酸盐，闽江径流挟带着超标污染物向东输入海洋，排污总量控制制度有待落细落实；罗源湾水环境质量经过近几年的努力有所改善，海水水质已达三类、四类标准，但由于半封闭海湾的弯口小，并随着临港重化工业项目的推进，其无机氮和活性酸盐含量依然超标；[①] 龙江入海断面水质为V类，污染情况依然不容乐观，主要污染物浓度整体较高，给福清湾生态环境带来较大压力。

（二）海上污染问题尚未完全解决

除了陆源污染这种路径外，福州海域主要污染还有源自海上的海洋

① 徐刚：《关于福建海洋生态环境问题的几点思考》，《福建行政学院学报》2012年第1期。

污染。海水养殖、港口码头、船舶等是造成福州海域污染的主要污染源，海洋污染是海滨、海上活动所引发的局部海域环境的污染。福州市是海水养殖大市，浅海、滩涂等养殖形式占海水养殖的大部分，近海传统养殖的网箱设施装备抗风浪、抗海流能力不足，制约了其养殖海域的广度，养殖区大都只能分布在 20 米等深线的浅海域，在有限的近岸海域要达到一定的养殖规模，就会带来养殖密度超限问题，使得浅海、滩涂、内湾等近岸海域海水流动性和水体交换能力减弱。多数传统海水养殖模式较为粗放，养殖饵料、渔药、排泄物、渔民生活垃圾、养殖垃圾等重要污染物容易聚集在海湾、滩涂，同时福州市水产养殖尾水排放监控能力、养殖垃圾处理能力不足，从而引发近岸海域水质退化风险，给近岸海域生态环境带来不良影响。造成海洋污染的主要因素除了海水养殖，还有港口码头排污、船舶排污等。

福州市港口、岸线资源丰富，利用率高，福州港是国内罕见的深水海港。2020 年前三季度福州港累计货物吞吐量达 1.5 亿吨，同比增速高达 20.7%，超过厦门港。[①] 福清湾、罗源湾等都是深水港湾，船只往返港湾比较频繁。一些渔港如连江苔菉中心渔港，不仅有渔船在港区停泊、补给、修造，还有渔货在港区进行加工、贸易。随着福州海洋经济的快速发展，港口、船舶的频繁活动所带来的污染物也对福州海域造成直接的污染。

（三）局部近岸海域海漂垃圾污染未得到有效控制

虽然福州海漂垃圾污染治理基础好，但由于海岸线长、海域广、管控能力不足等原因，海漂垃圾依然是造成局部近岸海域污染的一个主要来源。福州市海漂垃圾大都来自海水养殖和陆源垃圾，具体而言，海漂垃圾来源主要有以下几个方面。一是海水养殖垃圾。连江、罗源等地的一些海湾、近岸海域养殖密集区，养殖密度大，大多使用木制渔排、塑料泡沫浮球等传统养殖设施，产生了大量如不易降解的白色养殖泡沫浮球、残破的废旧渔排和网箱等养殖污染物，同时由于一些海湾、河流闸口等近岸海域水体交换能力差，这些渔业垃圾容易堆积，不易扩散，也

① 《2020 年前三季度福建各港口货物、集装箱吞吐量数据出炉》，https://xw.qq.com/cmsid/20201022A02Z7I00，最后访问日期：2022 年 3 月 3 日。

难以根除，这是福州市海漂垃圾的最主要来源。二是陆源垃圾。沿海稠密的人口带来的生活垃圾、沿海工厂产生的工业垃圾、滨海沙滩引发的旅游垃圾以及其他陆源垃圾随着雨水冲刷沿闽江、鳌江、龙江等入海流域以及其他入海排污口流进海洋，造成近岸海域海水水质污染和海滨景观的破坏，影响福州海洋经济的可持续发展。

（四）互花米草给海洋生态系统安全带来的风险依然存在

互花米草是对生态系统安全最具威胁性的外来入侵生物之一，福建是互花米草分布最为广泛的省份之一。对于福州来说，当初在罗源湾出于抵浪护滩的目的最早引种互花米草，之后这种植物种子随着风浪快速漂动繁殖，其可以在一定盐度的潮滩湿地繁衍生长，其中罗源湾、闽江河口、福清湾等滨海湿地成为福州受这种植物侵害相对严重的区域。互花米草的入侵给福州部分沿海湿地生态系统带来极大的影响。这种外来植物与原生滨海物种群落相比是强势的物种，它与红树林、芦苇等原生滨海物种不是合作共生的关系，而是敌对关系，这种敌对关系的生存竞争致使土生土长的物种减少。互花米草的入侵会破坏本地生物的生境空间，导致海滨潮间带动植物越发稀少，生物多样性降低。互花米草根系很发达，不但会导致泥沙淤积，滩涂湿地海水流动性和水体交换能力减弱，影响滨海水质，同时，其枯萎、死亡后腐烂的根茎等还会污染滩涂湿地和水质，导致赤潮的形成，严重危害滨海湿地生态系统的稳定。另外，互花米草容易导致泥沙的快速沉积，影响航道、港口，给运输业、旅游业带来损失，而且挤占了本地海洋生物的生存空间，影响了沿海湿地滩涂的贝类、鱼类等水产养殖业健康发展。面对互花米草的入侵，福州探索采取多种除治方法，不过因其繁殖力、竞争力强大，不仅可以通过种子漂移向远处繁殖，而且可以通过根茎、断落植株克隆在近处繁衍，所以其治理效果并不理想。

（五）围填海工程对滨海湿地生态系统造成威胁

近年来，福州市持续落实多区叠加政策，加快建设“海上福州”，化工、海洋工程装备产业等进入快速发展阶段。随着滨海区域的经济发展速度大大提升，滨海用地需求在迅速增加，围割海域的用地方式成本较低，导致围填海的驱动力强大。福州大规模的填海造陆工程主要分布在罗源湾、兴化湾、福清湾及其周边的滨海区域。围填海活动缓解了土地资源不足的问题，但是由于滨海湿地生态较为脆弱，围填海会给近岸海域资源和滨海湿地生态系统带来一定的负面影响。随着填海造地的面积逐渐增大，滨海自然岸线、海域面积、湿地面积大量缩减；罗源湾、兴化湾、福清湾等围填海工程造成海湾潮差、波浪、水动力条件等发生变化，潮流的变化使得冲淤环境发生改变，导致污染物淤积严重，污染物淤积又引致近岸海水水质遭受污染。同时，随着滨海湿地面积的减少，原有的生物栖息地、生物种群骤减，使海洋生态系统遭受严重破坏。

（六）海岸侵蚀灾害时有发生

福州市有丰富的岸线资源，大陆海岸线长 920 千米，海岸线总长 1310 千米，在全国省会城市海岸线长度排名中居于首位。[①] 在海岸地貌上多为砂质海岸，砂质海岸受水动力等自然因素和人为因素影响大，容易引发海岸侵蚀后退，其中人类活动是造成海岸侵蚀地质灾害的主要原因。随着“海上福州”建设的加快推进，海洋开发利用迅猛发展，自然岸线、近岸海域资源不断被占用，福州海岸带生态环境有可能进一步遭受破坏。填海围垦、沿海工程、海岸开采地下水、海沙、珊瑚礁、砍伐红树林等活动都会导致地基下沉、海岸线后退等灾害，特别是闽江口、敖江口、罗源湾等海域的非法采砂使海岸线后退，海岸侵蚀破坏尤为严重。海岸侵蚀是福州市海岸带的重要地质灾害，其所引发的海岸线蚀退、海水倒灌、生态功能受损等严重后果，使福州岸滩环境和海洋经济可持续发展陷入困境，海岸保护修复刻不容缓。如何解开开发与保护之间的“缠结”，是福州市政府亟待解决的难题。

二　福州海洋生态环境治理与保护工作现存问题成因分析

（一）人口向海集聚加速

分析第七次全国人口普查数据可以看出，随着城镇化发展程度的不

① 《控海咽喉，“海上福州”风帆再起——聚焦海丝起点（组图）》，https://www.163.com/news/article/A13P4RNH00014Q4P.html，最后访问日期：2022 年 3 月 1 日。

断提升，中国流动人口持续向东部沿海地区和中心城市集聚。2021 年 5 月 11 日公布的第七次全国人口普查资料显示，东部地区人口占总人口的 39.93%。[①] 根据福州市第七次人口普查情况，从常住人口分布来看，城镇常住人口占 72.49%，乡村常住人口占 27.51%，相比福州市第六次人口普查，城镇常住人口比重上升了 10.54 个百分点。[②] 滨海地区的自然禀赋优势引发多数特大城市临海而居，这也加剧了人口向海集聚的趋势，全球有 3/4 的特大城市位于滨海地带。预计到 2060 年，沿海人口将增加 1 倍以上。[③]

引起中国人口向东部沿海集聚的主要原因是改革开放初期的东部沿海特殊的区域发展政策，特别是东部沿海天生的临海交通区位优势和自然资源禀赋优势，带来了沿海地区和内地经济发展水平的不平衡。对于福州而言，它位于福建东部沿海、台湾海峡西岸，闽江下游横穿福州市区，有得天独厚的禀赋优势；同时，福州还有优势凸显的政策加持，福州是 1984 年中国首批 14 个沿海开放城市之一，近年来更是迎来了海洋经济发展示范区等“多区叠加”的发展契机，尤其是加快建设国家级新区，更是促进了其城镇化水平的提升，加速了人口向海集聚的进程。

《福州新区发展规划》要求，到 2030 年，常住人口达 470 万人，较 2020 年增长 40% 以上；城镇化率达 80%，较 2020 年提高 15 个百分点。[④] 福州新区建设快速发展的过程，也是福州市沿海人口规模日益扩大和集聚度不断提高的过程。人口规模的扩大特别是向海集聚的加速，给海洋生态环境带来的负担日益增大。人口集聚致使各种人类活动增多，对近海生态环境产生诸多负面影响，大量废弃物排放使海洋污染物总量居高不下，仅人类生活垃圾包括生活污水及固态废弃物的排放，就导致海洋

① 《解读第七次全国人口普查：人口面临结构性矛盾，人口布局向沿海等地倾斜》，https://finance.sina.com.cn/jjxw/2021-05-11/doc-ikmxzfmm1826610.shtml，最后访问日期：2022 年 5 月 19 日。

② 《福州哪个区县人口最多？刚刚，最新数据发布！》，https://m.thepaper.cn/baijiahao_12790888，最后访问日期：2022 年 6 月 7 日。

③ 《沿海城市扩张加剧海洋光污染！高达 75% 的海底受影响　对沿海物种构成严重威胁》，http://www.myzaker.com/article/5f27e7478e9f092a801 8993d/，最后访问日期：2022 年 5 月 19 日。

④ 《福州新区规划获批复　未来重点发展这 10 个项目》，https://www.sohu.com/a/120568070_120702，最后访问日期：2022 年 6 月 7 日。

环境污染和生态受损严重。同时，经济社会发展使人们对美丽海洋生态环境的需求愈加强烈，因此，从污染源头上下功夫，加大海洋污染整治力度势在必行。

（二）临港工业快速发展

多年来，福州市持续推进“海上福州”建设，紧紧把握“多区叠加”的发展契机，全力打造海洋经济强市。通过加快港口码头、沿海货运铁路、疏港公路、远洋航线、临港物流等配套基础设施的建设，奋力打造国际深水大港。凭借国际深水良港得天独厚的禀赋优势、配套基础设施条件以及产业基础，江阴、罗源湾、福清湾等港湾及周边地区临港工业快速发展，四大千亿级别的临港产业基地正在加速形成，这四大临港产业基地分别是四千亿级功能性纺织化纤产业基地、江阴三千亿级化工新材料产业基地、罗源湾两千亿级钢铁化工基地、环松下港区千亿级食品加工产业基地。福州市临港工业主要汇集于江阴、罗源湾、福清湾等港区，并形成了以能源、化工、冶金、新材料等重工业为主的产业结构。一些临港工业在发展过程中在一定程度上存在“两高一低”的弊端。以重化工业为主的临港工业的迅猛发展使海洋生态环境的治理显得更加棘手，能源大量消耗和工业污染物大量排放导致打破资源环境瓶颈更加困难，特别是工业废气、废水以及废弃物等的未达标排放，严重损害了港区及近岸海域的生态环境。港口规模和功能的不断扩展和临港工业的发展，带来滨海用地需求的增长，罗源湾、兴化湾、福清湾等港湾及其周边的滨海区域填海造地活动随之增加，给海岸带、滨海湿地等生态系统带来更大的生态环境压力。如何科学管控用海空间、管制近岸海域污染物直排、最大限度地降低临港工业碳排放强度等问题亟须解决。

（三）海洋生态环境保护监管能力有待提高

根据 2018 年国务院机构改革方案，原国家海洋局的海洋环境保护职能调整到生态环境部，但技术支撑、人才队伍以及船舶等基础设施却没有同时整合到位，仍然分散在自然资源、农业农村、海警总队、海事等职能部门，海洋生态环境的基础保障、监测能力等与生态环境部门在新监管格局下所承担的直接监管职能不相匹配，无法满足近岸以外海域甚至深远海的监管以及海洋生态环境突发灾害应对的需要，影响了海洋生态环境保护监管的成效，补齐海洋生态环境保护监管能力的短板显得十分必要。另外，在各部门协同治理方面依然存在政策重叠、执法不力等薄弱环节，这也制约了监管职能的发挥。如陆源污染的综合整治，由于陆源污染来自工业生产、农业生产、居民生活等诸多渠道，需要相关部门进行协同监管，而机构改革后的各职能部门在海洋污染综合治理过程中依然存在配合不良、衔接不佳等问题，从而加大了陆源污染的整治难度。

（四）海洋环保意识相对淡薄

海洋生态环境问题的产生既有主观原因，也有客观原因。就主观原因而言，依然存在重发展、轻保护的思想，绿色发展理念还不够入脑入心，海洋环保意识相对淡薄是造成海洋环境污染和生态破坏的深层次的主观原因。

福州市一些涉海部门在海洋开发利用活动中，监管责任尚未完全落实到位。偏重 GDP 和税收、忽视海洋生态环境保护的现象仍不同程度地存在，一些政府官员的政绩观难以充分适应海洋经济可持续、高质量发展的需要。缺乏长期的、整体的海洋空间开发利用与保护规划，围填海管控、重要渔业资源养护区边界确立、海域使用权登记等方面都有待完善，科学开发利用海洋，平衡好经济社会发展与海洋资源保护、海洋生态环境保护关系的能力亟须提高。干部考核评价机制不够完善，不能科学用海管海，也是产生海洋生态环境问题的重要原因。

企业和公众海洋环保意识淡薄，在与海相处过程中索求无度，没有处理好人与海的关系。海洋资源的不当开发使海洋资源环境负担超载，非法排污、非法用海、掠夺性捕捞、过度采砂等现象时有发生，破坏了海洋环境和生态系统。必须唤醒人们的海洋生态环保意识，加快形成与福州市海洋经济绿色发展要求相适应的干部考核评价机制和绿色低碳的生产生活方式、消费模式。

三　加强福州海洋生态环境保护的对策建议

（一）严格整治陆源污染

加强入海排污口整治。加快推进入海排污口调查研究，加大对闽江口、罗源湾、福清湾、兴化湾福清段及其他沿海县（市）的入海排污口排查管控力度，对近岸海域入海排污口的数量、位置、类别、用途、排放物成分及污染成因进行全面的分析研究，设立入海排污口台账；在入海排污口调查分析完成后，依据清理非法或设置不合理入海排污口的相关政策规定，加快推进入海排污口的监测和溯源，综合运用人工智能视频监控、阶段取样检测、海上监测及陆上巡查等手段对入海排污口进行跟踪监测，尤其要加大对污染排放问题严重的入海排污口巡察监督的力度，并对监测调查结果进行梳理分析；在此基础上，加快推进福州市入海排污口污染源的分类整治工作。

加紧入海河流治理工作。严控入海河流污染物排放。严格管控入海河流入海污染物总量。加强入海河流的管控工作。根据省政府的相关要求，继续推进闽江、敖江、龙江等主要入海河流氮磷减排及入海小溪流监测治理，启用在线监控装置等科技手段对闽江、龙江等重点入海河流氮磷入海通量进行监测和溯源，加快实施入海河流水质提升、水质达标工程，强化入海河流污染源头防治。进一步推进沿海工业废水、生活污水综合整治，补齐闽江口、福清湾和长乐等近岸海域污水、尾水处理能力的短板，促进临海企业结构升级和绿色生产的推广，积极探索海洋生态补偿在福州海域沿岸试点扩面的新路。

（二）强化海上污染的防控

对于已经成为福州市近海重要污染源的海水养殖污染而言，应加强整治防控，制定养殖规划，合理布局养殖空间与容量，严控无序养殖，解决养殖过程中密度太大的问题，对与规划不符的养殖设施进行清退。摸清海水养殖污染区污染物排放底数，尽快制定地方标准，做到养殖尾水达标排放。强化污染排放整治，对生态敏感的海域禁用投饵式饲喂，严防主要污染因子氮、磷等超标排放。尽快取消海水养殖对传统木制渔排、塑料泡沫浮球的使用，出台政策加快传统养殖网箱、渔排等设施装备的升级改造，在罗源、连江取得成功经验的基础上在全市尽快推广使用环保型全塑胶渔排，推进抗风浪、抗海流能力强和使用期限长的养殖网箱的使用。对于港口船舶活动所造成的海上污染而言，应增强防治监管能力。推进港口船舶污染物处理设施的完善，要求船舶污染物做到达标排放，尽快实现污染物合规处理。进一步推动落后船舶淘汰，鼓励使用绿色环保船舶，加快促进船舶结构调整升级。强化港口码头环境污染整治，健全完善福州渔港保洁监管机制。安装船舶海洋倾废跟踪监控终端设备，严禁往海上倾倒废弃物或其他会带来污染的物质。加大渔港环境污染治理力度，促进港区污染防控常态化，加快推进黄岐、苔菉等重点渔港的环境污染治理工作。

（三）加强海漂垃圾治理

一是尽快取消塑料泡沫浮球。塑料泡沫浮球是渔业垃圾的来源之一，要加快木制渔排、塑料泡沫浮球等传统养殖设施升级改造工作，充分利用罗源、连江等养殖密集地试点成功的经验，加快在全市推广使用环保型全塑胶浮球。堵住源头，扼制增量，减少水产养殖环节产生的海漂垃圾污染。二是利用视频监控、无人机遥测航拍等技术手段精准防控海漂垃圾。尽快完善全国首创的视频监控网络体系，通过无人机对福州重点海湾、重点岸段、主要入海河流和流域等区域进行全景拍摄，在重点近岸海域推广使用实时人工智能视频监控系统，加大航拍数据的运用力度，提高海漂垃圾监控治理水平。三是学习厦门、宁德的成功做法，加快组建健全的海上垃圾专业打捞队伍，实现海漂垃圾清理与陆源垃圾处置的无缝对接。

（四）实施互花米草综合防治

为快速消除互花米草入侵所带来的危害，遏制福州市滨海湿地生态环境退化的态势，应积极探求有效可行的应对方案和策略，启用卫星遥感和无人机低空航拍等高端技术手段对互花米草的分布状况进行跟踪监测，加大人工实地巡察的力度，并对监测调查结果进行梳理分析；在此基础上，根据福州市罗源湾、闽江口、福清湾、敖江口等沿海互花米草入侵区域不同的环境特性、分布的密集程度以及整治进展的现状等，借鉴国内外成功的治理经验，因地制宜地采用“刈割＋旋耕”除治、人工挖除等适合本地实施的互花米草综合整治模式，并种植红树林、短叶茳芏等本土植物，及时修复滨海湿地生态系统；强化协同配合，以确保治理效果，互花米草具有强大的扩散传播的繁殖能力，治理任务非常艰巨和复杂，需要全市沿海不同区域甚至周边地市共同配合、协同发力，并构建长效的防控治理机制，才能取得如期的治理成效。

（五）提升围填海管控水平

根据各级政府关于严控围海造陆的相关政策，加快推进围填海历史遗留问题的分类依法查处整改，加强生态修复和滨海湿地的恢复保护。按照中央文件的相关规定，严管严控填海造地，落实最严格的围填海项目管控要求，除国家重大项目，其他新增填海造地项目申请全面叫停。同时推进闽江口、敖江口受损滨海湿地的修复，进一步推进“退养还林”政策的落实，强化红树林、兴化湾北部和闽江口湿地的水鸟栖息地生境监管。科学合理地确定围填海控制线，继续完善海洋资源消耗、海洋环境损害等海洋环保绩效考核指标体系，引导临港产业、基础设施和重大滨海建设项目等开发建设活动提高节约集约利用海洋空间资源的水平，平衡好开发与保护的关系。进一步健全执法队伍，加大对围填海工程的监测管制力度，构建最严格的围填海管控和滨海湿地保护的长效机制。

（六）加大海岸线保护和修复力度

严守海岸线保护和管控的相关目标要求。坚持把做好立法、制定规划、完善制度作为严格保护海岸线的重要举措，加快落实福建省下达给福州市的大陆自然岸线保有率控制任务，不断提高大陆自然岸线节约集约利用程度，确保大陆自然岸线保有率这个约束性指标能够达到上级政府的考核要求，并将自然岸线保有率管控目标的完成情况作为福州市领导班子和领导干部政绩考核的“硬标尺”，加大海岸线监管力度，确保各类沿海沿岸建设开发活动的可持续发展。根据海岸线严格保护、限制开发和优化利用的分类管理保护实施要求，进一步完善福州市海岸带生态保护机制。闽江口、兴化湾北侧等岸线自然形态完整、生态功能突出、资源开发利用价值高，具备典型的地形地貌景观、重要滨海湿地生态系统，必须严格保护，同时加大对这些基础条件好、地理位置处于中心的海岸带的生态修复力度，修复好的沙滩和滩涂可以尝试进行商业化的旅游开发活动。对于地理位置比较偏僻和生态功能受损严重的海岸线，必须探索创新海岸带的生态修复机制，可以尝试引进民间资本参与生态修复，出台吸引民间资本参与生态修复相关的鼓励政策，比如让修复方参与修复好的沙滩和滩涂的旅游项目开发，促使政府快速高效完成修复工作，这样既恢复了海岸带功能，又促进了涉海旅游资源的开发利用。依据海洋空间资源相关规划的要求，确立海岸建筑核心退缩线，为海岸开发建设设立生态红线，强化海岸线资源的约束性管控，为科学管控海岸线资源建设开发活动提供依据。

进一步推进受损岸线整治和修复。开展海岸带环境综合整治，在闽江口、敖江口、罗源湾、黄岐半岛等海岸带开展垃圾、岸滩废弃物以及非法占用等的清理整治工作，对各种侵占岸线的开发活动加强监督管制。强化海岸、岸滩生态保护和修复，在长乐东部海域沿岸北侧、下沙、滨海新城五显鼻至大鹤林场北侧沿海等堤防和滩涂地区推进防护林体系建设，并加强沿海林带的保护。逐步开展受损自然岸线整治和修复工作，重点推进长乐漳港、仙岐、南澳等地沙滩，连江可门工业园区、连江马鼻镇村前村、连江苔菉镇横塍村码头东侧沿岸、连江东洛村西北侧等区域的岸线的生态修复。在闽江口、敖江口、罗源湾等海域的海岸带实施监测预警工程。

（七）有序推进养殖海权改革

积极推动连江县养殖海权改革试点扩面，努力探索养殖海权改革的新路，确保各类海域资源的开发利用活动能够与海洋生态环境保护和谐共存，为科学合理利用海域资源保驾护航。

福州市渔业资源丰富，2018 年渔业经济总产值为 1187.7 亿元，跃居全省首位。渔业产值占全市第一产业的 55%①，渔业养殖特别是海洋养殖在全市经济中占据非常重要的地位。2018 年 11 月福州市获批建设国家级海洋经济发展示范区，海洋资源要素市场化配置是国家赋予福州建设海洋经济发展示范区的一项主要示范任务。由于缺乏对养殖海域的有效管理手段，加上部分养殖渔民法律意识不足，超规划养殖、随意圈占养殖海域、养殖海域管理失序等现象时有发生，违反了使用海域须取得海域使用权等相关规定。推进养殖海权改革，以完善海域使用权登记为突破口，实行“三权分置”，建议政府及时总结连江县黄岐镇“大建样板”可复制、易推广的经验，加快推进试点扩面，把养殖海权改革向全市推广。养殖海权改革的不断推进，对于规范海水养殖、化解涉海行业各类用海活动之间的矛盾、加强海域资源科学管控、做好海洋资源要素

---

① 《福州：从海洋资源大市迈向海洋经济强市!》，http://hy.fznews.com.cn/node/13583/20190925/5d8abc7c805ce.shtml，最后访问日期：2022 年 6 月 7 日。

市场化配置的配套工作，都有非常重要的意义。

Research on the Advices for the Construction of "Maritime Fuzhou" Empowered by the Marine Ecological Environment

Lin Lijuan

(Fuzhou Academy of Social Sciences, Fuzhou, Fujian, 350007, P. R. China)

Abstract: Marine ecosystems protection is one of the three major tasks of Marine development and an important safeguard safeguard measure for the construction of "Maritime Fuzhou". With the continuous advancement of the "Maritime Fuzhou" strategic plan in the new era and the continuous strengthening of marine development and construction, the sea area of Fuzhou perfecture is facing marine ecological and environmental problems such as resource bottleneck, excessive discharge of pollution, and damage to coastal wetland ecosystems. Therefore, it is recommended to strictly rectify land-based pollution, strengthen the prevention and control of marine pollution, strengthen the management of floating garbage at sea, implement comprehensive prevention and control of Spartina alterniflora, improve the management and control level of reclamation, strengthen the protection and restoration of coastlines, and orderly promote the reform of aquaculture rights , to deepen the comprehensive management of the marine ecological environment, accelerate the formation of a coordinated situation between marine economic development and construction activities and marine ecological environmental protection, so as to achieve the goal of green development of the marine economy in Fuzhou.

Keywords: Maritime Fuzhou; Marine Ecosystems; Marine Ecological Environment Protection; Land-based Sewage; Mariculture Model

（责任编辑：谭晓岚）

海洋碳汇对实现碳中和目标的作用与意义

——一个与海洋碳汇理论框架相关研究的文献综述

孙国茂　魏震昊*

摘　要　《斯特恩报告》提出的碳排放总量和温度升高极限警示我们，在减少碳排放的同时，建立有效的“负排放”机制刻不容缓。自联合国提出“蓝碳”概念后，海洋碳汇相关研究一直是学界关注的重点领域。本文以海洋碳汇为研究对象，在梳理相关文献基础上，分析海洋碳汇对实现碳中和目标的作用与意义，提出建立海洋碳汇理论框架的逻辑、重点以及发展海洋碳汇的政策性建议。本文提出，海洋碳汇核算与定价应当围绕碳汇主体经济活动展开，通过建立海洋碳汇综合示范区，探索自愿减排市场和投融资机制，加速海洋碳交易落地。

关键词　海洋碳汇　自然碳排放　人为碳排放　自然碳汇　人为碳汇

* 孙国茂（1960～），男，博士，青岛大学经济学院教授，博士生导师，山东省泰山产业领军人才，山东省金融高端人才，主要研究领域为公司金融与资本市场理论、制度经济学和数字经济。魏震昊（1993～），男，中国海洋大学经济学院博士研究生，主要研究领域为金融学、发展经济学。

实现“双碳”目标是人类面对的一场广泛而深刻的系统性社会变革，与构建人类命运共同体息息相关。“双碳”目标不仅涉及化石燃料的使用、温室气体的排放以及科学技术的进步和应用，也涉及人类生活方式和生存理念的改变，甚至涉及国家治理方式和地缘政治、经济格局的变化。能否充分完成经济、生态与社会转型，如期实现“双碳”目标仍充满不确定性。这既与人类对这一问题的共识有关，更与人类对自然、科学和社会的认知有关，可谓任重而道远。在已有的研究中，国内学者普遍认为，实现“双碳”目标的路径主要有两种①：一是减少碳足迹，即在源头通过技术进步、政府管制等手段减少生产、生活造成的二氧化碳排放量；二是增加碳汇，即借助微生物或者植物光合作用，实现二氧化碳固定与封存②。不论是从自然科学角度看，还是从社会科学角度看，两种路径所选择的政策工具大相径庭，可能会导致社会经济运行机制和社会治理模式的不同。碳排放权本质上是一种发展权③，对于减少碳足迹的路径而言，它其实是在建立一种为实现减排目标而存在的碳约束社会经济运行机制。人类已经意识到，人类终将与不可再生资源的消耗和碳排放脱钩，要做到这一点，全球碳排放必须每年减少 6.3%。但迄今为止没有一个经济体做到这一点。④ 在现有技术进步条件下，不管怎样约束，碳足迹或者说碳排放总是存在，因为能源结构决定了化石燃料的使用不可避免。毕竟现实中没有哪个国家的政府愿意以牺牲经济增长为代价过度刚性地约束碳排放。这意味着，单纯依靠碳约束条件下的社会经济运行机制很难实现碳中和目标。基于这一逻辑我们认为，要实现碳中和目标就必须通过技术进步，建立起对人类经济活动产生的碳足迹进行“负排放”（Negative Carbon Emissions）的社会经济运行机制。理论

---

① 朴世龙、岳超、丁金枝、郭正堂：《试论陆地生态系统碳汇在“碳中和”目标中的作用》，《中国科学：地球科学》2022 年第 7 期；程娜、陈成：《海洋碳汇、碳税、绿色技术：实现“双碳”目标的组合策略研究》，《山东大学学报》（哲学社会科学版）2021 年第 6 期；沈满洪：《论碳市场建设》，《中国人口 · 资源与环境》2021 年第 9 期。

② 林伯强：《碳中和进程中的中国经济高质量增长》，《经济研究》2022 年第 1 期。

③ 王文举等：《中国碳排放总量确定、指标分配、实现路径机制设计综合研究》，首都经济贸易大学出版社，2018，第 4 页。

④ 蒂尔曼 · 阿尔滕堡、丹尼 · 罗德里克：《绿色产业政策：促进经济结构向富裕绿色转型》，《比较》2018 年第 2 期。

上，如果技术进步可以实现充分“负排放”，就无须对人类经济活动产生的碳排放过度约束。因此我们认为，相对于减排而言，建立起社会化的二氧化碳“负排放”机制更加有效，也更加重要。

1997 年，基于《联合国气候变化框架公约》（*United Nations Framework Convention on Climate Change*，*UNFCCC*）达成的《京都议定书》（*Kyoto Protocol*）首次提出：“将大气中的温室气体含量稳定在一个适当的水平，进而防止剧烈的气候变化对人类造成伤害。”2006 年 10 月，著名的《斯特恩报告》（*The Economics of Climate Change*：*The Stern Review*）发表。① 该报告在分析了气候变化对自然和人类社会经济系统的预期损害与减缓气候变化的成本两者关系的基础上，不仅提出全球温度上升 2℃的上限，而且建立了以自然科学为基础的经济学成本效益分析框架，为各国制度设计和政策工具选择提供了依据。② 此后，发达国家一方面通过环保技术进步、生产方式转变、新能源开发利用等技术性策略减少能源消耗，另一方面建立将碳排放外部行为内部化的市场化机制，即碳排放权交易市场。但是，在碳排放权交易市场产生以来将近 20 年的时间里，尽管与实际碳排放量相比，碳排放权交易量的覆盖率不断上升，但是，全球碳排放总量不断增加的趋势并未改变。2021 年，全球碳排放总量为 364.2 亿吨，比《斯特恩报告》发表时增加了 24.5%。③ 这些令人担忧的数据让我们不得不思考，靠减少碳排放的约束机制到底在多大程度上有助于我们实现“碳达峰”和“碳中和”目标？《斯特恩报告》隐

---

① 2006 年 10 月，受英国政府委托，世界银行前首席经济学家、时任英国政府经济顾问的尼古拉斯·斯特恩勋爵（Nicholas Stern）编写的《斯特恩回顾：气候变化经济学》，即《斯特恩报告》正式发布。报告提出，气候变化的原因及后果都是全球性的，只有采取国际集体行动，才能在所需规模上做出有实效的、有效率的和公平的回应。报告呼吁在多个领域进行更有深度的国际合作，最明显的是建立碳的价格信号和市场，刺激科学技术的发展和应用，尤其是发展中国家更应该这样做。报告发表后，不仅在国际社会引起高度关注和广泛、持续的反响，也对世界各国制定应对气候变化的政策产生深刻影响。

② Nicholas Stern, *The Economics of Climate Change: The Stern Review*(Cambridge: Cambridge University Press, 2006), p. 2.

③ International Energy Agency, “Global Energy Review: CO2 Emissions in 2021,” https://iea.blob.core.windows.net/assets/c3086240-732b-4f6a-89d7-db01be018f5e/GlobalEnergyReviewCO2Emissionsin2021.pdf，最后访问日期：2022 年 7 月 13 日。

含了两个重要理念，一是即使全球实现了碳中和，仍要继续“负排放”；二是温度升高导致的生物多样性破坏不可逆转，因此建立有效的“负排放”机制刻不容缓。① 从这个意义上说，一直以来学术界与政府决策部门把实现“双碳”目标的公共资源和制度设计更多地聚焦于“减排”路径，可能严重忽视了“负排放”路径。

《斯特恩报告》发表三年后，联合国环境规划署（UNEP）发布的《蓝碳：健康海洋对碳的固定作用——快速反应评估报告》（*Blue Carbon*：*The Role of Healthy Oceans in Binding Carbon—A Rapid Response Assessment*）指出，全球约 93% 的碳在海洋生态系统中储存并循环，并且在过滤水源、减少海水污染、减小极端气候影响等方面作用显著。② 然而由于近年来人类生产生活的毁灭性破坏，“蓝碳”消失速度骤增，大部分可能在几十年内就会消失。大量研究还表明，海洋碳汇在生态系统中的作用与地位被低估了。海洋独有的碳汇机制、高效的碳汇能力往往比陆地碳汇表现得更加出色。建立海洋碳汇的理论框架，以海洋碳汇的形成、核算和交易为公共资源和制度设计的着力点，不仅可以最大限度地发挥海洋碳汇的固碳作用，确保实现碳中和目标，同时也丰富了与碳汇相关的理论框架。很显然，这样的理论框架不仅有助于形成有效的“负排放”机制，也奠定了基于气候变化去认知人类命运共同体理念的逻辑基础。同时，海洋碳汇理论框架有助于碳金融和碳汇交易体系的建立和完善，推动社会资本参与海洋碳汇的开发利用，实现生态、社会与经济效益的多重效应。

本文在已有研究的基础上，以建立“负排放”机制下碳汇的本质、范畴为起点，通过对海洋碳汇机理、固碳效率、价值核算等相关文献的梳理，分析海洋碳汇对实现碳中和目标的作用和意义，提出海洋碳汇研究方面的不足和建立海洋碳汇理论框架的逻辑、重点以及与发展海洋碳汇相关的政策建议。

---

① Nicholas Stern, “The Economics of Climate Change,” *American Economic Review* 98 (2008): 2 – 37.

② UNEP, *Blue Carbon: The Role of Healthy Oceans in Binding Carbon—A Rapid Response Assessment*(Norway, Birkeland Trykkeri AS, 2009) , p. 10.

一 重要概念、研究范畴以及相关问题

1992年6月，在巴西里约热内卢，世界各国政府首脑签署了《联合国气候变化框架公约》①，这是人类文明史上的一个重大事件，它开启了人类气候议程并催生了一系列与人类气候议程相关的国际准则，确定了人类气候议程的终极目标：将全球平均气温增幅控制在工业化前水平以上2℃之内，并努力将气温增幅限制在工业化前水平以上1.5℃之内。UNFCCC第二条规定："本公约以及缔约方会议可能通过的任何相关法律文书的最终目标是减少温室气体排放，减少人为活动对气候系统的危害，减缓气候变化，增强生态系统对气候变化的适应性，确保粮食生产和经济可持续发展。"② 这标志着人类思想中开始出现"碳理念"，人类从此进入"碳文明"时代。20世纪最后10年和21世纪最初10年，学术界和公共部门习惯于把与碳相关的事物定义为"低碳经济"。但是，在过去的30多年里，建立在UNFCCC基础上的"低碳经济"理论框架和思想体系始终处于变化之中，未能形成统一共识，即使是《斯特恩报告》也招致很多批评③。时至今日，在理论、政策以及日常语境中存在许多相似却又不同的碳概念，这些概念在特定语境下具有明确的含义，但是在不同的语境下可能会出现不同含义，以致产生认知上的混淆。因此，有必要对一些与碳相关、经常使用又极易产生歧义的概念进行界定。

1. 碳与二氧化碳

在自然科学中，"碳"（carbon）是一种常见的非金属元素，在化

---

① V. Masson-Delmotte, P. Zhai, A. Pirani, et al., "Climate Change 2021: The Physical Science Basis," *Contribution of Working Group I to the Sixth Assessment Report of the Intergovernmental Panel on Climate Change* 2(2021):3-4.

② 在《联合国气候变化框架公约》诞生以前将近100年里，全世界很多科学家发现，二氧化碳排放可能会导致全球变暖。20世纪70年代，随着科学家对地球大气系统逐渐深入的了解，社会大众对二氧化碳排放广泛关注。尽管《联合国气候变化框架公约》提出的是"减少温室气体排放"，但在本文中，我们将二氧化碳和温室气体二者做等同处理。

③ 陈迎、潘家华、庄贵阳：《斯特恩报告及其对后京都谈判的可能影响》，《气候变化研究进展》2007年第2期。

学元素周期表中位于第二周期 IVA 族，化学符号为 C。在自然界中，碳元素以多种形式广泛存在于大气、地壳和生物之中。碳的一系列化合物——有机物更是生命的根本，生物体内绝大多数分子含有碳元素。

但是，我们在“低碳经济”或者“双碳”语境下所说的“碳”，其实是指二氧化碳（carbon dioxide）。二氧化碳是一种碳氧化合物，化学分子式为 CO_2。二氧化碳在常温常压下是一种无色无味或无色无臭而其水溶液略有酸味的气体，是空气的组成成分之一，占大气总体积的 0.03% ~0.04%，会产生温室效应。科学研究表明，地球上二氧化碳的总储量约为 2 万亿吨。①

在本文中，我们定义人类工业文明产生以前地球上产生的二氧化碳排放为“自然碳排放”。厘清地球上二氧化碳的总储量和“自然碳排放”等概念非常重要，这是我们建立碳汇理论框架和碳汇方法学的重要前提和逻辑基础。与“自然碳排放”相对应的是“自然负排放”，它包括大自然中天然存在的森林与海洋，理论上我们可以认为（或者是假设），在工业文明产生以来的 200 多年时间里，地球上的森林与海洋没有发生变化，因此，工业文明产生以来的“自然负排放”并没有因为人类的经济活动而发生变化。

今天，当我们讨论碳减排、碳达峰和碳中和时必须牢记一个极为重要的客观事实，那就是二氧化碳在我们生活的星球上、在自然界千万种生命中不仅是天然存在而且是不可或缺的！尽管大自然中的森林与海洋天然具有固碳作用，已经形成巨大的“自然负排放”，但是，占大气总体积 0.03% ~0.04% 的二氧化碳使我们居住的地球像一个巨大的温室，为千万种生物自由地生息繁衍提供了可能！“自然碳排放”和“自然负排放”达成的自然碳平衡和环境中性，是维护自然与生命共同体的基本条件。研究显示，工业革命以来，人类经济活动产生的二氧化碳排放使自然界二氧化碳浓度从 278ppm（百万分比浓度）上升到 415ppm。②

---

① 范英、衣博文：《能源转型的规律、驱动机制与中国路径》，《管理世界》2021 年第 8 期。

② 朴世龙、岳超、丁金枝、郭正堂：《试论陆地生态系统碳汇在“碳中和”目标中的作用》，《中国科学：地球科学》2022 年第 7 期。

日益增长的碳排放量是全球变暖的罪魁祸首。同样，当人类大量产生“负排放”时，地球表面的温度会下降，甚至进入“冰河时代”（Ice Age），人类将身临好莱坞电影《后天》（*The Day after Tomorrow*）描述的生存场景。UNFCCC 诞生后，所谓的碳减排、碳达峰和碳中和都是针对人类经济活动产生的碳排放，即“人为碳排放”。图 1 是全球不同碳排放阶段示意。

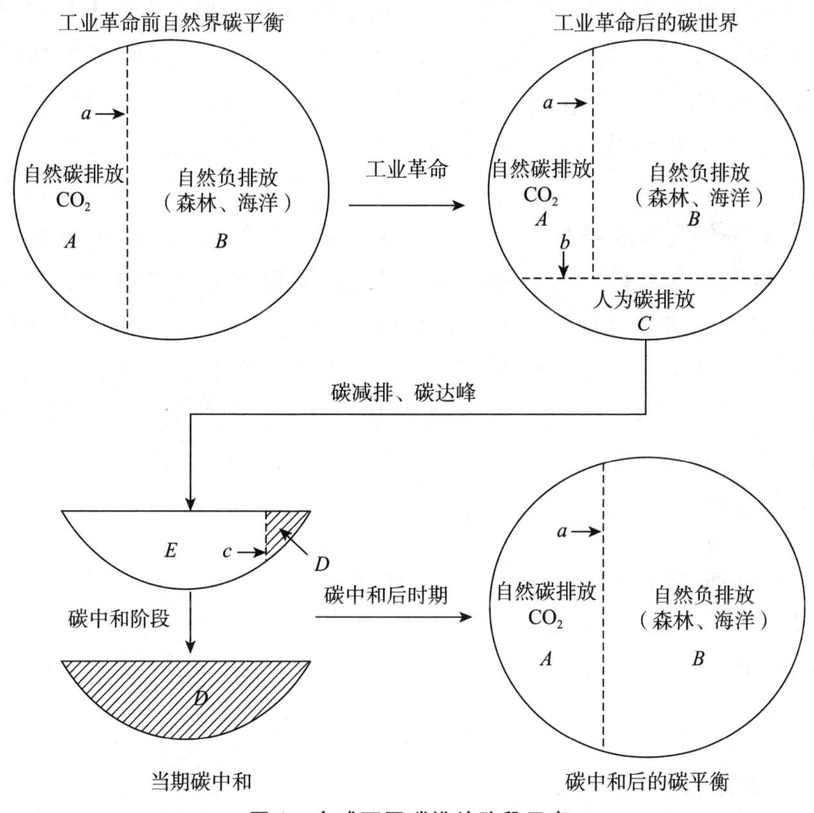

图 1　全球不同碳排放阶段示意

我们把自然界碳平衡和人为碳排放的全部过程划分为几个重要阶段，如图 1 所示。在这里，我们忽略了时间的计量单位，只是依据全球二氧化碳排放特征来划分不同的阶段。在图 1 左上图中，我们可以想象成工业革命前的碳排放景象，横线 *b* 以及下方区域（*C* 区域）是不存在的。大自然中只有“自然碳排放”（图中 *A* 区域）和“自然负排放”（图中 *B* 区域）两部分，形成了自然生态平衡。其实，正是在实现“自然碳中和”的条件下，自然界才能实现环境科学意义上的“环境中性”。① 随着工业文明的诞生，横线 b 出现并逐渐上升，区域 C 代表工业革命以来由人类经济活动产生的碳排放，即“人为碳排放”。如果人类不对自身经济活动实行碳约束，随着时间的推移和化石能源消耗的增加，横线 b 可能会不断上升，C 区域也会逐步变大。由于 UNFCCC 的诞生以及一系列国际气候公约的生效和实施，横线 b 的上升速度可能会减缓。但是不论横线 b 的上升速度怎样变慢，区域 C 总是在不断增大。横线 b 最终停止上升的位置代表人为碳排放的峰值，即“碳达峰”，我们可以理解为《斯特恩报告》中 550ppm 二氧化碳浓度对应的全球碳排放总量。② 在此条件下，人类要维持自然生态平衡就必须进行“负排放”，通过“负排放”实现碳中和目标。我们进一步想象，在图 1 左下图区域 C（即 $D+E$）代表的“人为碳排放”中，当“人为负排放”发生时，C 区域中的竖线 c 自最右端向最左端缓慢移动，形成的阴影部分为 D 区域，代表着人类通过技术进步实现的“人为负排放”。随着竖线 c 向左移动形成的阴影区域越来越大，“人为负排放”就越来越多。但是，只要阴影部分 D 区域没有完全覆盖 C 区域，差额部分为 E 区域，代表着“人为碳排放”净值总是存在的，即：

$$E = C - D > 0$$

当竖线 c 移动到最左端时，阴影区域 D 达到最大，与区域 C 完全相等，区域 E 完全消失，这意味着“人为碳排放”净值为 0，实现碳中和目标③，即：

$$E = C - D = 0$$

2. 碳排放

与碳排放相关的概念显然不止一个。厘清这些概念的含义对于理解

---

① 根据联合国政府间气候变化专门委员会（IPCC）2015 年发布的《全球变暖 1.5℃特别报告》，当一个组织的活动对气候系统没有产生净影响时，就是“气候中性”。通常，我们把“净零排放”（net-zero emission）、“气候中性”（climate-neutral）和“碳中和”（carbon neutral）做等同处理。

② Nicholas Stern, “The Economics of Climate Change,” *American Economic Review* 98 (2008): 2 – 37.

③ 对图 1 右下图，我们将在另一项研究中做进一步说明。

“双碳”目标和建立相关理论框架至关重要。我们提及的“碳排放”通常是指两个概念，这两个概念差异很大，但人们总是忽视两者区别，甚至将两者混淆和误用。这两个概念，一个是指“二氧化碳排放量”（carbon emissions），简称“碳排放量”；另一个是指“二氧化碳排放权”（carbon emissions right），简称“碳排放权”。对于“碳排放量”，我们在前文已经阐明，根据排放主体的不同划分为自然碳排放与人为碳排放。在本文中，我们所说的“碳排放量”是指由人类经济活动产生的碳排放量，即人为碳排放量。图 2 是过去 100 多年全球每年碳排放总量的变化。2021 年全球碳排放总量为 364.2 亿吨，其中中国约为 119 亿吨。从图 2 中我们可以看出，尽管自工业革命以来人类碳排放总量一直在变化，但总的趋势是不断增加。在有记录的人类活动中，全球碳排放总量减少的统计数据很少被发现。在定义碳排放量概念时，我们不得不提到另一个重要概念——碳足迹（carbon footprint）。碳足迹是指以企业、某种产品、人类的某项活动或个人为单位，通过交通运输、食品生产和消费以及各类生产过程等产生的碳排放的集合。碳足迹是一个重要指标，与人均 GDP、单位 GDP 能耗等指标有些相似，用来描述个人的能源意识和行为对自然界产生的影响，目的在于增强人类的碳意识。综观全球，世界上有很多知名企业自觉践行减少碳足迹的环保理念。

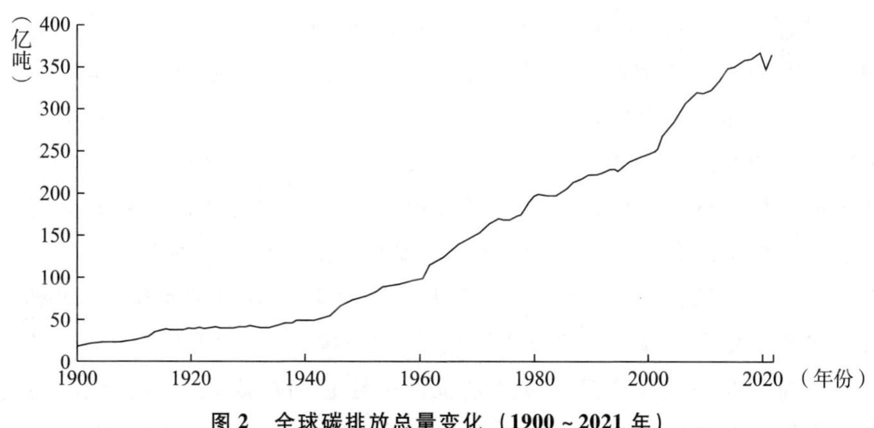

图 2　全球碳排放总量变化（1900～2021 年）

资料来源：二氧化碳信息分析中心（CDIAC）、国际能源署（IEA）。

“碳排放权”概念始于《京都议定书》，议定书允许采取四种减排方式，包括发达国家间的碳排放权交易、净碳排放量、清洁发展机制以及集体减排。《京都议定书》通过之后，全球碳排放权交易市场发展迅速，截至 2021 年底，已建立 33 个碳排放权交易市场，全球碳排放权交易市场交易总量达到 158 亿吨，成交金额约 7600 亿欧元①，其中欧盟、美国、新西兰、韩国等的碳排放权交易市场较为成熟。

3. 碳汇

碳汇（carbon sink）的概念最早由《京都议定书》提出。长期以来，主流观点认为减排与增汇是实现“双碳”目标的两种选择。《斯特恩报告》强调全球碳排放总量和温度升高上限，显然对人类气候议程中各国的制度设计和政策工具选择产生了巨大影响。不得不说的是，现实中这种影响在某种程度上发生了扭曲。如果从《京都议定书》提出的四种减排机制算起，在过去的 20 多年里，世界各国都是围绕减少碳排放进行制度设计和政策工具选择，忽视了碳汇的作用。其中的一部分原因是技术约束导致现有条件下碳汇的生产成本较高，更主要的原因是通过配额约束来实现碳减排具有政策上的操作便利。但现实是，无论是从碳达峰目标看，还是从碳中和目标看，大规模地增加碳汇，广泛建立起激励碳汇生产、交易的社会化机制已经刻不容缓。

在阐述“碳汇”概念时，我们不得不提到与“碳汇”既相似又相关的两个概念——“负排放”和“碳捕集”。很多时候，甚至在一些研究文献中，这三个概念经常被混用或等同看待。碳捕集是指二氧化碳的捕集与封存（Carbon Capture and Sequestration，CCS）。在《京都议定书》中，碳汇的确并非指单一的二氧化碳吸收，还包括碳移除与碳固存。碳移除是人类通过人为活动从大气中移除二氧化碳，根据作用机理的不同可以分为两类：一是通过自然改造，借助生态系统实现碳移除，例如通过植树造林实现森林固碳、通过开发海洋资源实现海洋固碳等；二是通过技术手段实现碳移除。按照 IPCC 的要求，成为碳汇必须具备三个关键因素。一是必须是人为活动，并非所有涉及碳的吸收都是碳汇。例如，自然状态下生态系统的固碳表现就不能称为碳汇，人们通常印象中的森林、草地、湖泊以及海洋等自然系统，尽管它们在固碳减排方面有着天然的优势，可以固定吸收生态系统中的碳，将其由“源”转化为“汇”，但没有涉及人类活动，因而不能称为碳汇。二是要长期储存，短期分解

① 数据来源：《中国碳金融市场研究》。

的碳不符合要求，例如农田或者庄稼的长期固碳能力弱，因而不可称为碳汇。三是基于增量视角考虑，存量大小无法衡量时称为碳汇，譬如广袤的森林碳汇能力固然可观，倘若没有相关的森林项目开发，碳汇核算就无从谈起。至此，如果将“碳汇”与前文的“碳”以及“碳排放”概念联系起来，我们可以很容易理解，要将碳排放外部行为内部化，人为经济活动和人为经济成本是其中的关键因素。因此，现阶段任何围绕碳的理论探讨以及政策实施，都要将人为经济活动和人为经济成本联系起来。虽然“碳捕集”作为人为经济活动，包含了人为经济成本，但是，IPCC 所说的“长期储存”是一个不确定性概念，从科学的角度看，具有很大的风险性。除非这种“长期储存”可以确保被封存的二氧化碳被人为经济活动所使用，如用作生产粮食或食物、用作生产工业原料或工业制成品等。著名环境战略专家乔根·兰德斯（Jorgen Randers）早在 2013 年就预测 CCS 技术将被广泛应用于减少碳排放①，但遗憾的是，现实远非如此。我们认为，在现有技术进步条件下，CCS 并非真正意义上的“负排放”，也不是实现碳中和目标的终极有效途径。因此，本文只把“碳汇”和“负排放”视为相同。

根据碳汇产生主体的不同，我们将碳汇简单划分为森林碳汇与海洋碳汇。前者体现为森林通过光合作用吸收并固存二氧化碳，由于森林覆盖面积广、易监测的特点，其方法学和项目开发已较为成熟，但近年来森林碳汇发展遇到一些瓶颈：一是人类的毁灭性破坏，使得森林覆盖面积逐年衰退，其固碳效果有所弱化；二是陆地使用面积受限，制约了森林碳汇功能，特别是近年来城镇化过程中的用地紧张以及粮食危机，客观上不利于其进一步发展。相比而言，海洋碳汇借助海洋碳循环机制吸收、固定和储存二氧化碳，有效减缓了气候变暖，同时提升了生物多样性，特别是基于海洋生物多样性而产生的生物泵、微型生物碳泵以及碳酸盐碳泵（也称为海洋“三碳泵”机制）构成海洋“负排放”效应，保证了海洋巨大的固碳潜力。并且发展海洋碳汇产业，在实现“负排放”、生态修复与海洋可持续发展的同时，鼓励社会资本参与碳汇项目建设，实质性推动海洋碳汇资源资本化进程，增加海洋碳汇资本积累，真正实

① 〔挪威〕乔根·兰德斯：《2052：未来四十年的中国与世界》，秦雪征、谭静、叶硕译，译林出版社，2013，第 116 页。

现“经济—生态—社会”多重效益。

4. 碳交易市场

碳交易市场或者说“碳市场”其实是一个约定俗成的泛化概念，准确的说法应该是“碳排放权交易市场”。但是，从这个市场诞生之初，碳排放权和碳汇两个交易品种就在同一个市场上交易。迄今为止，人们对此已经习以为常。事实上，不论是从金融学角度还是从一般商品角度看，碳排放权和碳汇是两种有着本质区别的交易标的。

关于碳排放权交易市场，截至 2021 年底，全球四大洲已建立 33 个碳排放权交易市场，包括 1 个超国家机构、8 个国家、18 个省和洲以及 6 个城市，包含电力、工业、交通、建筑等多个行业，覆盖了全球 16% 的二氧化碳排放、1/3 的人口以及 54% 的 GDP。① 目前，全球最典型的碳排放权交易市场是欧盟排放交易体系（EU Emissions Trading System，EU-ETS），它是一个总量控制与交易系统（cap-and-trade），不仅为 11000 多家企业和 3000 多家航空公司（截至 2016 年数据）提供价格信号和市场流动性，也是欧盟制定气候政策的基石。②

作为最大的发展中国家，中国于 2013 年在北京、天津等 7 个省市启动了碳排放权交易工作。截至 2021 年 12 月 31 日，7 个试点碳市场的排放企业共有 2900 多家，其碳排放配额总量约 80 亿吨。2021 年 7 个试点碳市场累计完成配额交易总量约 3626.242 万吨，达成交易额约 11.67 亿元。2021 年 7 月全国碳市场正式开始运行，重点排放单位超过 2000 家（见图 3），这些企业碳排放量超过 45 亿吨。截至 2021 年底，全国碳市场碳排放配额（CEA）累计成交量达 1.79 亿吨，成交额达 76.84 亿元，日成交均价在 40 ~ 60 元/吨范围内波动，基本保持平稳。③

关于碳汇市场，可分为森林碳汇市场与海洋碳汇市场。自 2004 年开始，国家林业局碳汇管理办公室在广西壮族自治区等 6 省（区）启动了林业碳汇试点项目，迄今为止包含了清洁发展机制（CDM）、核证减排机制（CCER）以及林业自愿碳减排标准（VCS）项目等。海洋碳汇交

① 数据来源：《2021 年度全球碳市场进展报告》。

② 斯特凡·施莱歇、安德烈·马尔库等：《欧盟排放交易体系的结构性改革》，《比较》2016 年第 1 期。

③ 数据来源：《中国碳市场回顾与展望（2022）》。

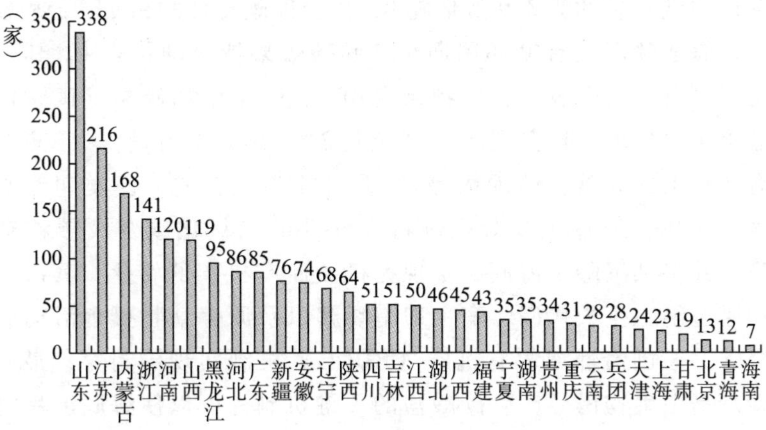

图3 2021年全国碳市场覆盖重点排放单位分布情况

资料来源：《中国碳市场回顾与展望（2022）》。

易市场目前尚处于探索阶段，例如广东湛江红树林造林项目、福建省福州市完成的全国首宗1.5万吨海水养殖渔业碳汇交易项目以及在威海落地的海洋碳汇指数保险，这些都是碳汇价值多元转化的金融尝试。

碳交易市场具有一般资源与环境市场的共同特征，通过总量控制体现碳资源的稀缺性，进而实现经济与生态效益双赢。建设统一高效的碳交易市场，首先，要科学测度“气候阈值”的碳排放总量，正如前文所述，测度人类活动的碳排放或者碳足迹至关重要；其次，要根据共同但有区别的原则合理分配碳配额，提升生态系统的碳汇能力，激发各主体开发碳汇的意愿，通过完善核查与监督体系，明确交易主体与对象，制定合理的交易价格，鼓励开展碳排放权和碳汇的市场交易；最后，要努力参与国际合作，逐步扩展碳交易市场。

二 相关研究梳理与文献综述

（一）海洋碳汇固碳原理研究

科学研究表明，生态系统中约有55%的生物碳由海洋生物捕获①，

① F. Azam, D. C. Smith, G. F. Steward, et al., “Bacteria-organic Matter Coupling and Its Significance for Oceanic Carbon Cycling,” *Microbial Ecology* 28(1994): 167 – 179.

海洋存储的碳总量约为3.9万亿吨①，占全球碳总量的93%②，相较于陆地碳汇，海洋碳汇具有循环周期长、固碳效果持久的优点③，其中碳泵机制功不可没。研究表明，生物泵（BP）、微型生物碳泵（MCP）以及碳酸盐碳泵（CCP）是实现海洋“负排放”的重要力量，“三泵集成”形成海洋碳汇的固碳、储碳优势。④ 具体来看，首先，藻类和浮游植物基于光合作用，通过生物泵机制将大气中的二氧化碳变成颗粒有机碳（POC），并将其沉降至海底，实现无机碳向有机碳的转化；其次，海洋微生物通过细胞生长代谢、宿主细胞裂解以及原生动物摄食活动分泌大量有机碳，通过惰性溶解有机碳（RDOC）机制实现碳封存；最后，碳酸盐碳泵是微生物诱导产生碳酸盐的关键机制，可以使海底沉积物封存上亿年。⑤ 然而现实中实现“三泵集成”存在以下难点：一是绝大多数POC在沉淀过程中降解产生二氧化碳，导致生物泵机制的传输效率偏低；二是如何构造厌氧条件，提升微生物在RDOC与POC中的协同作用。对此，专家认为人类智能化BP、MCP功能延伸、微生物矿物工程以及生态环境评估等是实现高效协同储碳的有效方式。有学者认为，碳泵机制引领了海洋“负排放”技术研发，特别是海水养殖领域具有巨大潜能。⑥ 以藻类、贝类为主的海水养殖生物是海洋碳循环的关键环节，一方面，海藻通过吸收、溶解二氧化碳以及营养盐降低了分压，加速大气中二氧化碳的溶入，调节了海水pH值；另一方面，贝类通过钙化以及

① T. Zhu, M. Dittrich, “Carbonate Precipitation Through Microbial Activities in Natural Environment, and Their Potential in Biotechnology: A Review,” *Frontiers in Bioengineering and Biotechnology* 4(2016): 4-15.

② 王誉泽、鲁鋆、刘纪化、张传伦：《“三泵集成”打造海洋 CO_2 负排放生态工程》，《中国科学院院刊》2021年第3期。

③ 赵云、乔岳、张立伟：《海洋碳汇发展机制与交易模式探索》，《中国科学院院刊》2021年第3期。

④ 焦念志、刘纪化、石拓等：《实施海洋负排放践行碳中和战略》，《中国科学：地球科学》2021年第4期。

⑤ 唐启升、刘慧：《海洋渔业碳汇及其扩增战略》，《中国工程科学》2016年第3期。

⑥ 张继红、刘纪化、张永雨、李刚：《海水养殖践行“海洋负排放”的途径》，《中国科学院院刊》2021年第3期；杨宇峰、罗洪添、王庆等：《大型海藻规模栽培是增加海洋碳汇和解决近海环境问题的有效途径》，《中国科学院院刊》2021年第3期。

摄食活动同样实现了碳的移除和转移。除此之外，作为海洋生态系统的重要组成部分，珊瑚礁的碳汇功能不容小觑。尽管长期以来对于“源—汇”的争议仍悬而未决，但通过人工上升流、加强珊瑚礁生态保护、实现陆海统筹等手段，能够实现珊瑚礁的增汇功能。①

（二）海洋碳汇效率研究

海洋碳汇能力的有效测度是构建海洋碳汇市场、发展碳汇产业的基础和前提。受制于可检测性、可管理性以及数据可得性，以红树林、海草床、盐沼为主的沿海生态系统至今没有权威的碳汇统计。有研究认为，海洋碳汇资源可以在全球范围内为《巴黎协定》做出突出贡献，但隐患在于评估海洋碳汇时存在严重的数据限制。还有研究以马达加斯加红树林交易市场为例，认为它对当地社区至关重要，人类活动导致沿海资源压力日益增大，可以利用碳自愿交易市场减轻压力，促进红树林产业的可持续发展。② 相比而言，学者更多地对海洋渔业碳汇进行了测度。在碳汇研究方法层面，多数学者选取藻类或者鱼类的碳汇系数、干湿重比例、含碳比重等指标进行核算，运用 LMDI 方法进行影响因素分解。此外，还有学者对中国海水养殖藻类碳汇能力与影响因素进行了实证研究，认为藻类的碳汇能力巨大，大力发展藻类产业能够实现海洋经济和海洋生态环境的双赢。③

（三）海洋碳汇价值核算研究

对于海洋碳汇的价值核算，国内外并没有统一标准。通过文献梳理，本文发现国内的海洋碳汇价值评估有如下四种。一是期权定价法。有学者构建了一个 B－S 期权定价模型，对海洋碳汇渔业进行了价值评估，

---

① 石拓、郑新庆、张涵等：《珊瑚礁：减缓气候变化的潜在蓝色碳汇》，《中国科学院院刊》2021 年第 3 期。

② L. Benson, L. Glass, T. G. Jones, et al. , “Mangrove Carbon Stocks and Ecosystem Cover Dynamics in Southwest Madagascar and the Implications for Local Management,” *Forests* 6(2017): 190.

③ 岳冬冬、王鲁民：《我国海水养殖贝类产量与其碳汇的关系》，《江苏农业科学》2012 年第 11 期；纪建悦、王萍萍：《我国海水养殖藻类碳汇能力及影响因素研究》，《中国海洋大学学报》（社会科学版）2014 年第 4 期。

结果表明，在样本期内，藻类期权价值均为正，并且受到碳汇量、碳汇价格以及资产价格波动的影响，海洋渔业价值的公允评价客观上需要渔业期权市场的建立。① 二是成本收益定价模型。有学者以桑沟湾为研究对象，客观详细地测度了栉孔扇贝养殖价值，结果显示，海洋牧场的交易价值为253元/吨，这蕴含了巨大的经济与生态价值，研究建议应当发挥试点区域的模范带头作用，尽早完善海洋碳汇交易市场。② 三是人工造林法和碳税法。由于数据的缺失，部分学者将海洋碳汇价值等价于海洋吸收的二氧化碳与单位固碳价值的乘积，通过对海水养殖的碳汇价值进行有效评估，其中碳汇量的评估选取碳汇系数、干湿重系数等指标，价值的评估参考森林碳汇，对人工造林法与碳税法进行了加权平均。结果表明，近年来碳汇效率与价值均显著增长，从时空演化上看，碳汇价值呈现长三角、珠三角和环渤海“三足鼎立”之势；从结构分解上看，价值效应的影响程度显著高于规模效应与结构效应。③ 四是直接价值与间接价值。有研究认为，以往研究仅仅落脚在海洋碳汇的直接价值，即通过各种海洋活动实现固定的二氧化碳市场价值，这显然低估了海洋碳汇的综合价值。刘芳明等将海洋碳汇价值分为使用价值与非使用价值。④ 自然资源部2021年9月出台的《中国海洋碳汇经济价值核算标准（征求意见稿）》对这一指标体系进行了扩展和补充，将其分为直接使用价值与间接使用价值，前者包括产品价值与休闲娱乐价值，后者包括固碳价值、释氧价值、净化价值与生物多样性价值。

（四）海洋碳汇市场理论基础研究

海洋碳汇市场的建设对保护生物多样性、改善生态环境质量以及加速海洋碳汇资源的资本化进程具有重要意义。现有文献对海洋碳汇市场的研究大体分为以下三部分。首先是理论基础。第一，共同责任原则是

① 邵桂兰、任肖嫦、李晨：《基于B-S期权定价模型的碳汇渔业价值评估——以海水养殖藻类为例》，《中国渔业经济》2017年第5期。

② 沈金生、梁瑞芳：《海洋牧场蓝色碳汇定价研究》，《资源科学》2018年第9期。

③ 孙康、崔茜茜、苏子晓、王雁楠：《中国海水养殖碳汇经济价值时空演化及影响因素分析》，《地理研究》2020年第11期。

④ 刘芳明、刘大海、郭贞利：《海洋碳汇经济价值核算研究》，《海洋通报》2019年第1期。

发展海洋碳汇市场的前提和基础，每个国家和地区都有维护生态系统稳定的义务，只有国际社会的共同努力，才能最大化海洋碳汇的潜能。① 第二，交易双方必须遵循生态系统服务付费理论（Payment for Ecosystem Services），明确交易双方的产权性质，在遵循自愿交易原则的同时通过市场机制满足市场主体的各自需求。第三，陆海统筹理论同样不容忽视，大多数海洋资源和生态系统处于海陆交界处极为敏感的衔接空间，要想实现海洋碳汇资源的可持续发展，必须以陆海统筹理论为指导。其次是发展机制。有学者认为，要想实现海洋碳汇资源的资本化进程，必须经历四个过程。一是资产化过程，通过产权确权的资产化，将海洋碳汇资源转化为海洋碳汇资产。二是产品化过程，通过生态技术的研发应用，实现海洋碳汇资产向海洋碳汇产品或服务的转化。三是产品或服务向资本的转变过程，通过价值核算与交易，实现海洋碳汇产品或服务向海洋碳汇资本的转变。四是运营过程，通过生态化投资，实现海洋碳汇资本对海洋碳汇资源的反哺。② 海洋碳汇市场的建设应当遵循“政府前期主导＋市场后期引领”的分阶段发展模式，同时加强组织引导、基础研发、法律监管等。最后是法律路径。海洋碳汇市场的建设不仅需要理论支撑，更需要完备的法律保障。③ 中国海洋碳汇立法模式可以选择融合型立法、专项立法与地方立法相结合，同时注重与国际环境法、国家海洋立法以及海域使用立法的协调。

三　海洋碳汇研究的方法论阐释

海洋碳汇市场的建设需要明确以下三大市场要素。

（一）交易主体

《京都议定书》创立四种减排机制的目的是实现减排目标。从这个

---

① 潘晓滨：《中国蓝碳市场建设的理论同构与法律路径》，《湖南大学学报》（社会科学版）2018 年第 1 期；林婧：《蓝碳保护的理论基础与法治进路》，《中国软科学》2019 年第 10 期。

② 杨越、陈玲、薛澜：《中国蓝碳市场建设的顶层设计与策略选择》，《中国人口·资源与环境》2021 年第 9 期。

③ 谢素美、罗伍丽、贺义雄等：《中国海洋碳汇交易市场构建》，《科技导报》2021 年第 24 期。

意义上说，碳汇的“负排放”作用同样有助于实现减排目标，因此，将碳汇纳入碳排放权交易市场具有天然合理性。以核算后碳汇为标的物，碳汇供需方集中竞价交易的合同协议涉及碳汇供给方、碳汇需求方、核算与监督机构、金融中介、政府部门，相关主体职能如下。

1. 碳汇供给方

首先，从参与交易的动机来看，碳汇供给方与碳排放权供给方有着很大的不同。作为海洋碳汇项目开发者或所有者，碳汇供给方前期以国有企业为主，这与国有企业的碳排放配额和强制减排约束有很大关系。近年来，随着党中央、国务院实施“海洋强国”战略，海洋经济占比不断提高；随着海洋牧场规模的不断扩大，海洋碳汇项目深入开展，民营企业以及个体逐步纳入其中，通过自身的项目开发与运营，在交付海洋碳汇产品的同时得到收益。

2. 碳汇需求方

碳汇需求方主要包括履约或者非履约企业、个体或者其他符合要求的机构组织等，他们迫于减排压力向碳汇部门支付费用购买海洋碳汇配额，从而获得海洋碳汇产品的所有权。要建立大规模海洋碳汇市场，必须改变中国碳交易市场结构，改变以强制减排或履约减排市场为主的一元市场，形成强制减排或履约减排市场与自愿减排市场并立的二元市场。研究表明，到 2030 年全球自愿减排市场规模将达到 300 亿 ~ 500 亿美元。联合国可持续发展机制（Sustainable Development Mechanism，SDM）已经启动，在国际自愿减排市场机制陆续推出的背景下，中国尝试推出以海洋碳汇为交易产品的自愿减排交易市场，不仅必要而且迫在眉睫。此外，应建立自愿减排社会化激励约束机制，不仅鼓励企业、机构和社团参与自愿减排市场，也鼓励特定身份的公民（如高消费者、公务员和社会工作者等）参与自愿减排交易。

3. 核算与监督机构

可交易的海洋碳汇必须满足可溯源、可监测且有一定的生态服务价值，海洋碳汇的成功交易必须以准确公正的碳汇评估为基础，并且建立完整的核算、监测、反馈与报告等一系列体系。针对海洋碳汇的核算体系仍在探索，尽管自然资源部出台了《养殖大型藻类和双壳贝类碳汇计量方法——碳储量变化法》，但未获得国际社会认可，相信随着数字技术的广泛应用，特别是遥感卫星、云计算等技术的不断发展，碳汇核算将更加成熟精确。此外，碳汇监测也是交易中的关键环节，需要明确交易项目的“蓝碳”固碳量、碳汇新增量及生态系统生物量变化等。

4. 金融中介

海洋碳汇交易做大做强，需要金融市场的高度支撑与深度匹配。随着海洋碳汇资源资本化进程的加速，其资本属性得以显现，通过金融市场的支撑和创新，将促进更多资本投入海洋碳汇领域，激发市场活力。例如绿色基金、绿色债券和绿色信贷能够为碳汇项目的设立与运营提供长期稳定的资金来源，绿色保险为应对风险冲击、项目保值增值提供了重要保障。

5. 政府部门

碳排放导致的全球气温升高可能是人类文明史上最大的“公地悲剧”。温度升高可能导致怎样的生态灾难，人类至今还无法预测。斯特恩将碳排放定义为“最大的市场失灵”。① 碳排放巨大的外部性决定了政府部门必须参与碳交易市场。政府部门不仅是制度设计者和制度供给者，还要为碳汇市场建设提供基础设施。对海洋碳汇而言，政府部门应当负责海洋碳汇市场的整体布局与战略部署，在试点市场为碳汇供给方提供资金、技术与政策扶持，特别是在碳汇核算与监督领域加大基础研发与科研创新力度，对资源丰富、条件成熟的地区进行大胆试点，并引导碳汇市场从区域到整体的有序过渡，设置海洋碳汇基金，保证碳汇产品的公允定价。最后，作为碳金融市场的重要组成部分，政府部门还要根据相关法律法规，对海洋碳汇市场进行监管，确保市场规范运行。

（二）交易原则

1. 可持续发展原则

海洋碳汇市场建立的初衷是调动全社会对海洋碳汇的关注度及参与热情，通过海洋碳汇资源—海洋碳汇资产—海洋碳汇产品或服务—海洋碳汇资本的转化，实现海洋碳汇资本的保值增值，兼顾经济、社会与生态的多重价值，其前提和基础是最大限度地保护海洋资源和生态系统。然而近年来碳排放的爆炸式增长，使海草生物群落、红树林和盐沼等消

---

① Nicholas Stern, “The Economics of Climate Change,” *American Economic Review* 98 (2008): 2 – 37.

失速度从 75 年前的每年 0.9% 上升到近些年的每年 7%。研究表明，绝大多数蓝色碳汇将在未来 20 年内消失。① 因此，若想实现海洋碳汇资源的多样化和碳汇市场的可持续发展，必须把海洋资源保护与生态修复摆在首要位置。

2. 标准化、透明化原则

碳汇市场交易必须遵循标准化、透明化原则。准入标准化原则指对交易对象、资产、价格及相关细节必须有完整清晰的界定，这是进行碳汇交易的前提和基础。同时，由气候风险、人为因素导致的外生不确定性加剧，需要对交易市场的各类信息进行及时、准确的披露，维持市场的正常秩序，同时促进市场的公平竞争，防止市场垄断。再者须遵循与碳排放权交易市场一致的原则。海洋碳汇市场并非孤立存在，而应尽量向全国碳排放权交易市场靠拢并与之融合，这也是统一大市场的题中应有之义。

3. 陆海统筹原则

海洋碳汇市场的建立需要海洋与陆地共同发力，协同配合。一方面，以森林、草地为主的陆地碳汇为海洋碳汇市场的建立提供了有益参考，特别是在方法学及模式运营方面具有重要的参考价值；另一方面，人类活动导致海洋碳汇减少的主要方面在于海水富营养化、填海造地、海岸工程及海岸城镇化等，这意味着必须以陆海统筹视角进行海洋碳汇资源的保护与利用。②

（三）关键机制

1. 碳汇核算机制

针对海洋碳汇的核算多数集中于海洋生态系统的宏观测度，包括以红树林、海草床、盐沼、入海口为主的滨海湿地碳汇和以鱼藻类为主的渔业碳汇，前者测度难度较大，近年来学者们尝试利用遥感和区块链技术寻求突破，后者多选取藻类或者鱼类的碳汇系数、干湿重比例、含碳

---

① 焦念志、李超、王晓雪：《海洋碳汇对气候变化的响应与反馈》，《地球科学进展》2016 年第 7 期。

② 唐启升：《渔业资源增殖、海洋牧场、增殖渔业及其发展定位》，《中国水产》2019 年第 5 期。

比重等指标进行核算。[①] 本文认为，碳汇核算是实现海洋碳汇交易的基础，而碳汇交易的本质是通过市场化手段进行激励与惩罚，将碳汇供给方的生态产品通过信用机制转换为温室气体排放权，调动全社会参与热情，进而推动海洋碳汇资源资本化进程。因此，海洋碳汇核算工作必须围绕碳汇主体的经济活动展开，根据主体不同可分为三种：一是高排放企业，其基于各自生产中的排放情况，选择交易价格与交易对象，其交易方式类似于碳配额交易；二是海洋管理部门，通过滨海湿地保护实现海洋和沿海地带的生态修复，其交易方式可效仿清洁发展机制；三是海洋牧场建设或养殖主体，其交易方式应采用信用转让。

2. 价格机制

碳汇价格必须真实反映供需状况和碳汇的综合价值，因此构建科学合理的价格反馈与传导机制至关重要。关于碳汇价格的设计与制定应同样置于碳汇主体经济活动的范畴之内。一是考虑影响碳汇价格的多重因素，如碳汇开发商或供给商的投入成本、能源波动以及资源现状等。二是使对碳汇的价值评估多元化，以往文献仅仅针对海洋固碳价值进行研究，这忽略了碳汇资源的多重价值（如使用价值、旅游价值、固氧价值等）。三是对不同产品、平台和地域进行差异化方案设计，不同地区的资源分布、定价成本、产品类别各有差异，在实际工作中应当求同存异。

3. 风险机制

极端自然灾害以及突发事件往往冲击大，并会造成严重损失，为了更好地规避风险，应当从以下方面着手研究：一是建立风险预警机制，完善灾害预警系统，防患于未然；二是加强自然资源的生态维护，构建和谐美丽的生态家园；三是通过规范立法，明确交易细节，实现海洋碳汇市场交易的平稳运行；四是完善海洋碳汇保险机制设计，最大限度地减少碳汇部门的财产损失。

4. 投融资机制

随着海洋碳汇资源资本化进程的加速，其投资价值逐渐显现，基于单一的碳交易难以满足投资者需求，碳汇市场的成熟和发展同样需要金融体系的强力支撑。基于海洋碳汇的金融创新将是对碳交易市场的极大

---

① 焦念志、戴民汉、蓟知溷等：《海洋储碳机制及相关生物地球化学过程研究策略》，《科学通报》2022 年第 15 期。

补充，也将更有效地调动个人和机构投资者的参与热情。借鉴已有的绿色金融政策和产品，同样可以围绕海洋碳汇项目开发期货、期权、衍生品等业务，疏通投融资的各种渠道，保证海洋碳汇市场的高效运转。通过海洋碳汇资本的不断深化，推进海洋碳汇资源的开发与保护，这也为海洋碳汇市场交易提供了更大的投资空间。

5. 构建统一碳汇市场与自愿减排机制

2022 年 3 月，中共中央、国务院出台了《关于加快建设全国统一大市场的意见》，这对建设统一、高效的碳汇市场具有重要的指导意义。尽管海洋碳汇交易市场仍未落地，但是从国际上看，建立自愿减排市场已是大势所趋。随着国家“海洋强国”战略的实施，海洋碳汇与森林碳汇携手共进，构建科学合理的海洋碳汇交易机制并不遥远。近年来，学界需要研究的碳汇问题涉及以下几个关键环节。一是关于方法学的完善。现有碳汇方法学中，森林碳汇已较为成熟并逐渐在全国范围展开交易，而海洋相应的碳计量等标准和方法学的研究与实践基础较薄弱，尚未得到国际认可，因此不同机制间的互认互通仍存在障碍，这是未来构建统一碳汇市场的一大隐患。二是海洋碳汇基金的设立。其基本逻辑是将海洋碳汇交易主体与现有碳排放权交易市场主体间碳配额的换算关系进行设计，由政府设立海洋碳汇基金，对海洋碳汇交易主体进行补贴，从而保证在统一信用主体下两个市场产生相同的碳排放贡献，维持市场的价格稳定。① 三是分阶段发展机制。与森林碳汇不同，海洋碳汇具有明显的系统复杂性，需要分阶段进行针对性调整，前期应以生态补偿为主，夯实理论基础；中期以碳汇交易为补充，利用经济手段进行相关者利益调节；后期致力于统一碳汇市场的完善。

四　中国发展海洋碳汇的机遇与路径

（一）发展海洋经济使海洋碳汇关注度日益提升

近年来，随着“海洋强国”战略的实施，中国海洋经济实力和质量效益明显提升。根据《2021 年中国海洋经济统计公报》，2021 年中国海

① 程娜、陈成：《海洋碳汇、碳税、绿色技术：实现“双碳”目标的组合策略研究》，《山东大学学报》（哲学社会科学版）2021 年第 6 期。

洋生产总值达到90385亿元，占沿海地区生产总值的15.0%，占全国GDP的8.0%。其中，海洋第一产业增加值4562亿元，第二产业增加值30188亿元，第三产业增加值55635亿元，分别占海洋生产总值的5.0%、33.4%和61.6%。不论是从海洋经济总量看，还是从海洋经济GDP占比看，中国都是名副其实的海洋经济大国。"十三五"期间，在国家创新驱动和"科技兴海"战略指引下，中国海洋高技术产业全面发展，海洋科技创新能力显著提升。海洋高技术产业是决定陆地向海洋投射影响力的关键因素，因此，培育和发展海洋高技术产业对于高质量发展海洋经济具有重要意义。从长远看，发展海洋高技术产业是未来很长时期中国实施"海洋强国"战略的主攻方向。海洋经济和海洋科技的发展为中国发展海洋碳汇提供了充分的物质条件和广阔的发展空间。作为最大的发展中国家，近年来中国政府也在不遗余力地促进海洋碳汇的发展，在青岛开展国内首个人工上升流增汇示范工程，以湿地碳汇为质押向企业发放贷款，这是国内首单湿地碳汇贷和海洋碳汇贷。2021年6月，广东湛江红树林造林项目完成，这也是中国首个海洋碳汇交易项目。随着相关政策的不断落地实施，越来越多的资本涌入海洋碳汇领域。

（二）中国海洋碳汇资源丰富

中国地域辽阔，拥有长达1.8万公里的海岸线与丰富的海洋资源。以红树林、海草床、盐沼、入海口为主的沿海生态系统资源丰富，尽管其海床覆盖面积不足0.5%，但是吸收了海洋沉积物50%左右的碳储量。此外，海水养殖同样蕴藏着巨大的碳汇价值。《中国渔业统计年鉴2021》显示，2021年渔业经济总产值为2.75万亿元，其中海水养殖为3836.19亿元，产量为2135.32万亿吨。建设海洋碳汇市场，当务之急是扩大海洋第一产业规模，发展海洋经济，在海洋碳汇研究、资源调查、资源保护、碳交易、海洋碳汇国际合作等方面展开积极探索。一是要加强海洋碳汇技术、政策和规则研究，尽快实现海洋碳汇的核算、定价与制度构建。二是要持续提升海洋碳汇的生态修复功能，进一步强化海洋生态资源管控，加强海洋生态保护红线监管。三是要推动示范性项目开展，特别是滨海湿地碳汇、微生物碳汇、渔业养殖碳汇等示范性项目的开发与管理，通过外溢效应带动海洋碳汇市场的发展。

五　中国海洋碳汇的政策制定与实践

其实早在 20 世纪 60 年代联合国教科文组织就发起倡议，鼓励学界致力于海洋碳汇的科学研究。联合国提出“蓝碳”概念后，全球范围的自然科学和社会科学领域的专家学者、国际组织纷纷行动，推动海洋碳汇研究的实质进展。目前，联合国正在积极推动可持续发展机制建设，国际金融界也在全力推进“自愿碳减排市场规模化工作组”（Taskforce on Scaling Voluntary Carbon Markets，TSVCM）建设，这对中国发展自愿减排市场具有可资借鉴的指导意义。可持续发展机制是第 26 届联合国气候变化大会（COP26）的重要内容之一，已在大会上获得初步通过，预计将在 2030 年前完成所有体制机制构建，以期建立全球统一的碳定价体系准绳。TSVCM 是一个成立于 2020 年 9 月的民间组织，旨在实现自愿减排（VER）市场的规模化并提高效率，一方面力争建立一个高诚信度的 VER 产品，另一方面建立一个统一的高透明度、高流动性的 VER 市场。这个组织会集了国际金融协会会长、英国央行前行长、渣打集团首席执行官、美国证监会原主席等国际金融界的资深人士，目的是借助这些人的影响力，设立国际自愿碳减排市场规模化工作机构。这个组织有两个重要的目标。一是统一国际自愿碳市场的标准，国际自愿碳市场标准各异，无法扩大规模、提高流动性，该组织希望基于现实和可靠的基准线确定一个核心碳原则（Core Carbon Principles，CCP），提高国际自愿碳市场的质量。所以，该组织第一个目标就是做到国际自愿碳市场的高质量供给。二是建立一个统一的高透明度、高流动性的 VER 市场，从而为 VER 产品提供国际流动性。这就是这个组织重要的目标，也值得中国碳市场高度重视。2021 年 5 月，世界自然保护联盟发布了《欧洲和地中海蓝碳项目创建手册》，提供针对欧洲地区海洋碳汇资源管理政策等方面的工具和建议。

作为最大的发展中国家，近年来中国政府也在不遗余力地促进海洋碳汇的发展，推动海洋碳汇政策的制定与实践，特别是山东、广东等沿海省份充分利用自身海洋优势，抢占海洋碳汇发展制高点（见表 1）。

表 1　近年来中国海洋碳汇的政策与实践

部门或地区	时间	政策内容及相关项目
威海	2021 年 4 月	发布《威海市蓝碳经济发展行动方案（2021—2025 年）》
湛江	2021 年 6 月	湛江红树林造林项目落地，这是中国首个海洋碳汇交易项目
深圳	2021 年 6 月	编制完成《2018 年深圳市大鹏新区海洋碳汇核算报告》
自然资源部	2021 年 7 月	编制出台《中国海洋碳汇经济价值核算标准（征求意见稿）》
青岛	2021 年 8 月	青岛金融机构以湿地碳汇为质押权成功发放企业贷款
漳州	2021 年 10 月	成立首个海洋碳汇司法保护与生态治理研究中心
福州	2022 年 1 月	完成首个海水养殖渔业交易
青岛	2022 年 2 月	利用人工上升流技术，开展人工上升流增汇示范工程
生态环境部等	2022 年 5 月	印发《国家适应气候变化战略 2035》，提出提升海洋生态碳汇能力
厦门	2022 年 5 月	厦门大学成立“海洋碳汇与生物地球化学过程基础科学中心”

资料来源：笔者根据各网站公开信息整理。

2021 年 7 月，自然资源部会集了众多国内专家学者编制出台了《中国海洋碳汇经济价值核算标准（征求意见稿）》，基于中国海洋生态系统功能特征，对以贝类、藻类、浮游植物为主的碳汇渔业以及以红树林、海草床、盐沼为主的滨海生态系统进行了价值评估，包含直接价值（产品价值、休闲娱乐价值）和间接价值（固碳价值、释氧价值、净化价值以及生物多样性价值），明确了核算指标和核算技术方法。《中国海洋碳汇经济价值核算标准（征求意见稿）》不仅为中国海洋碳汇价值核算、碳汇市场建设提供了重要的理论依据，也为学术界建立与海洋碳汇研究相关的方法学和理论框架提供了宝贵的启示和借鉴。

2022 年 5 月，生态环境部等 17 个部门联合出台了《国家适应气候变化战略 2035》，提出实施海洋生态保护修复工程，改善海洋生态环境质量，提升海洋生态碳汇能力。与 2010 年出台的适应气候变化战略相比，新的适应气候变化战略从自然生态系统和社会经济系统两个维度，首次分别明确提出水资源、陆地生态系统、海洋与海岸带等领域适应气候变化战略的重点任务。

六　结论与建议

本文的主要结论有三点。

第一，以“双碳”为目标的人类气候议程需要减排与增汇共同发力，但实现碳达峰目标客观上形成了对经济发展的约束。碳达峰必然会建立一个为实现碳减排目标而存在的碳约束社会经济运行机制，以牺牲经济增长为代价过度刚性地约束碳排放，不仅无法实现碳中和目标，还会使人类气候议程充满不确定性。[①] 实现碳中和目标的根本且有效途径是，通过技术进步建立起对人类经济活动产生的碳足迹进行“负排放”的社会经济运行机制。

第二，从全球范围看，人类气候议程启动以来，世界各国都是围绕减少碳排放进行制度设计和政策工具选择。碳排放权交易市场产生以来的事实已经说明，碳排放约束机制对实现碳达峰目标的作用并不显著。从实现“双碳”目标的时间节点看，在全球范围建立“负排放”机制已迫在眉睫。只有在全球范围形成更多的“负排放”才能最终实现碳中和目标。迄今为止，人类“负排放”的有效途径是森林碳汇和海洋碳汇。

第三，与森林碳汇相比，海洋碳汇固碳效率高、时间长、潜力大，是未来有效落实“双碳”工作的突破口和制高点。森林面积减少以及城镇化过程中的用地紧张和粮食危机等问题，客观上制约了森林碳汇的发展，相反，基于海洋生物多样性而产生的碳泵机制有助于海洋碳汇和海洋可持续发展，实施“海洋强国”战略为建立以海洋碳汇为主的“负排放”机制提供了巨大的历史机遇。

基于以上分析，本文提出以下针对性的政策建议。

一是加强海洋碳汇基础研究与技术创新。对海洋资源丰富的地区实行示范区建设，通过高端技术和人才引进，力争实现关键领域的重大突破。对标国际海洋碳汇前沿研究，加强国家间的交流与合作，特别是在碳汇核算、监测与方法学方面，实行“共同但有区别”的原则，制定一

---

① 就在本文付梓之际，碳排放量世界排名第六的德国宣布，撤销 2035 年之前能源行业实现温室气体排放中和的气候目标。这意味着，整个欧盟承诺的碳中和目标有可能无法实现。

套符合中国国情的碳汇标准。通过人工上升流、加强沿海地区生态保护、实现陆海统筹等手段，加速实现海洋碳汇资源的资本化进程，配套完善科技创新制度、产权保护制度，加速碳汇成果转化。

二是坚持“双轮驱动，两手发力”的原则。海洋碳汇市场的建设势必存在投资风险大、前期市场不活跃等问题，这需要政府的资金支持和政策倾斜。首先，为碳汇部门提供必要的政策鼓励，引领更多的个体和企业参与海洋碳汇建设，进而产生更多的海洋碳汇配额；其次，建立海洋碳汇基金，海洋碳汇市场与现行碳配额市场的融合涉及“换汇”问题，这需要政府提供必要的碳汇基金，对市场主体进行必要的弥补，从而维持两个市场价格的相对合理与稳定；最后，在沿海地区设立海洋碳汇示范区，通过以点带面实现碳汇市场的规模化。通过前期政府的政策引导，调动全社会的参与热情，完善市场的基础设施与规章制度，为后期的市场化运营提供良好保障。

三是加快建立完善自愿减排市场。全国统一并且与国际接轨的碳交易市场必然包含自愿减排市场。与强制减排或履约减排市场相比，自愿减排市场更能激发全社会的参与热情。从全球自愿减排市场发展现状看，中国自愿减排市场具有广阔的发展空间。借鉴 SDM、TSVCM 和 CORSIA（国际航空碳抵消与减排机制）等国际上相对成熟的自愿减排交易机制以及国际自愿减排市场的发展与实践，通过在交易机制、交易品种和市场规则等方面加强沟通与交流，探索建立中国自愿减排市场。

四是加快海域使用权的制度改革。对现有的《海域使用管理法》《物权法》进行补充和完善，明确各碳汇主体的管辖权、使用权，特别是对碳汇产品的资产处置与交易问题做出明确规定。在海域使用初期以生态补偿为主，在政府干预下调动全社会参与热情，促进海域的高效利用；在中期以碳汇交易为主、生态补偿为辅，持续提升碳市场在资源配置中的决定性作用，引导社会资本有序投入海洋碳汇领域；在后期逐渐形成完备的碳汇市场交易机制，真正实现海洋碳汇的经济、生态和社会的多重效益。

The Role and Significance of Ocean Carbon Sinks in Achieving Carbon Neutrality —A Literature Review of Studies Related to the Theoretical Framework of Ocean Carbon Sinks

Sun Guomao[1], *Wei Zhenhao*[2]

(1. School of Economics, Qingdao University, Qingdao, Shandong, 266100, P. R. China;

2. School of Economics, Ocean University of China, Qingdao, Shandong, 266100, P. R. China)

Abstract: The total amount of carbon emissions and the temperature increase limit proposed by the *Stern Report* warns us that it is urgent to establish an effective "negative emission" mechanism while reducing carbon emissions. Since the concept of "blue carbon" was proposed by the United Nations, research on ocean carbon sinks has always been a field of academic concern. This paper takes ocean carbon sink as the research object, analyzes the role and significance of ocean carbon sink to achieve carbon neutrality on the basis of reviewing relevant research literature, and puts forward the logic and key points of establishing the theoretical framework of ocean carbon sink as well as policy suggestions related to the development of ocean carbon sink. This paper proposes that the accounting and pricing of marine carbon sinks should focus on the economic activities of the main carbon sinks. By establishing a comprehensive demonstration area for marine carbon sinks, exploring the voluntary emission reduction market and investment and financing mechanisms, it is imperative to accelerate the implementation of marine carbon trading.

Keywords: Ocean Carbon Sink; Natural Carbon Emissions; Anthropogenic Carbon Emissions; Natural Carbon Sinks; Anthropogenic Carbon Sinks

（责任编辑：孙吉亭）

欧盟渔业资源养护政策的变革调整及启示*

黄　波　钟芳科　吴春明**

摘　要　本文回顾了从欧共体到欧盟时期渔业资源养护政策的形成、确立及演变历程，指出渔业资源养护政策目标在于实现渔业资源的可持续利用。根据欧盟共同渔业政策改革方案，从渔业管理、国际政策、市场和贸易政策以及财政支持等方面对欧盟渔业资源养护政策进行了系统梳理，指出上一轮共同渔业政策改革主要对渔业资源管理方式、区域化渔业资源养护、国际政策中的渔业资源养护进行了调整，并结合即将启动的新一轮共同渔业政策改革，提出加大对渔业资源的保护力度、设立渔业发展专项基金、合理利用国际规则确保海洋渔业权等建议。

关键词　共同渔业政策　渔业资源养护政策　渔业资源管理　可持续渔业　捕捞渔业

* 本文得到中国人民大学亚洲研究中心资助（项目编号：22YYA01）。

** 黄波（1981～），男，博士，中国人民大学农业与农村发展学院副教授、农业经济教研室主任，主要研究领域为艺术振兴乡村、乡村旅游与涉农产业规划、农业资源环境政策。钟芳科（1997～），男，中国人民大学2020级农业经济管理专业硕士研究生，主要研究领域为渔业经济管理。吴春明（1972～），男，通讯作者，管理学硕士，中国海洋大学管理学院实验师，主要研究领域为农业经济管理。

引 言

为了满足人类对水产品消费的需求，全球海洋渔业捕捞强度不断增大，渔业资源竞争性开发加剧，过度捕捞是长期困扰全球渔业发展的共性问题。如何在保障水产品有效供给的同时实现渔业可持续发展，是制定渔业政策的主要议题，以实现渔业资源可持续开发与合理利用为目标的渔业资源养护政策业已成为各国渔业政策的核心内容。

作为全球海洋渔业捕捞资源最丰富地区之一的欧盟，渔业资源养护政策已成为其共同渔业政策（Common Fisheries Policy，CFP）的重要内容，有效协调了成员国之间的渔业资源分配、有效养护等问题。欧盟统计数据显示，2017 年欧盟 28 国水产品产量达 680.06 万吨，占全球的 3.31%，位居世界第五，其中捕捞量为 542.86 万吨，占其总产量的 79.83%。[①] 欧盟能够维持较高水平的水产捕捞量，与其实施渔业资源养护政策密不可分。欧盟是最早签署《联合国海洋法公约》的成员之一，该公约对公海渔业资源养护提出明确要求，从欧共体渔业政策到欧盟共同渔业政策一直贯彻着该公约第 117 条提到的养护公海渔业资源的基本理念。在 1986 年乌拉圭回合谈判中，欧盟提出发挥农业多功能性，蕴含着生物多样性保护和资源养护的基本理念，包括渔业在内的共同农业政策更加注重资源可持续利用。2013 年，欧盟颁布了共同渔业政策最新改革法案，资源养护成为欧盟共同渔业政策的核心内容之一。

国内学者对欧盟共同渔业政策的研究，主要聚焦共同渔业政策发展历程[②]、早期政策目标和政策内容梳理[③]等方面。但是经过几轮渔业政策改革的重大转变后，共同渔业政策在保障渔民收入的同时，呈现资源养

① European Commission, Fisheries Directorate-General for Maritime Affairs, *Facts and Figures on the Common Fisheries Policy: Basic Statistical Data: 2020 Edition* (Luxembourg: Publications Office, 2020), p. 15.

② 段子忠、林海、于戈：《欧盟共同渔业政策 30 年》，《世界农业》2014 年第 2 期；刘新山、于洋：《欧盟渔业法和共同渔业政策综述》，《上海水产大学学报》2007 年第 5 期。

③ 孙琛、梁鸽峰：《欧盟的渔业共同政策及渔业补贴》，《世界农业》2016 年第 6 期；岳冬冬、王鲁民、耿瑞等：《欧盟共同渔业政策及其对我国的启示》，《山西农业科学》2015 年第 11 期。

护和生态资源可持续利用等特点①，渔业资源养护政策逐渐成为共同渔业政策的核心内容，但是国内学者对渔业资源养护政策的演变历程和最新调整等关注不多。因此，本文依据对历年共同渔业政策改革方案的梳理分析，全面回顾了欧盟共同渔业政策中渔业资源养护政策的提出与演变历程，并对渔业资源养护政策的基本框架与最新措施进行了系统梳理，最后提出其对中国渔业政策制定的几点启示。

一 欧盟渔业资源养护政策的演变历程

如图 1 所示，欧盟渔业资源养护政策在共同渔业政策确立后，主要经历了两个阶段。

（一）欧共体时期的渔业资源养护政策（1983 ~1992 年）

1957 年，法国、意大利、联邦德国等六国签署《罗马条约》，1958 年正式成立了欧洲经济共同体和欧洲原子能共同体，要求成员国之间建立共同市场，并制定与之配套的共同政策。特别是在农业领域，该条约要求成员国实施共同政策，明确提出建立包括水产品在内的农产品共同市场，从而实现包括渔业在内的农业领域商品、人员、服务和资本自由流动，这成为制定共同渔业政策的法律基础。1970 年，欧共体建立了水产品共同市场，并颁布了与之配套的共同渔业政策，共同渔业政策的基本框架初步形成。

这一时期的渔业政策，主要是为推动实现欧共体成员国渔民“平等入渔”，同时采取财政支持等措施推动成员国渔船、捕捞渔具等生产设施技术更新，以促进渔业产业发展，提高欧共体渔业的市场竞争力。在资源养护方面，欧共体理事会有权就其管辖海域内过度捕捞的现象采取必要管理，具体措施包括对捕捞方式、捕捞季节和捕捞区域的严格限制。总之，这一时期渔业政策的主要目标是促进渔业发展和渔民增收，政策层面对渔业资源养护的关注较少。

① 韩杨、Rita Curtis：《美国海洋渔业资源开发的主要政策与启示》，《农业经济问题》2017 年第 8 期；杨琴：《美国海洋渔业资源开发政策分析及与中国的比较》，《世界农业》2018 年第 5 期；白洋、张瑞彬、赵蕾等：《美国海洋生态系渔业管理经验及其对中国的启示》，《世界农业》2020 年第 10 期。

1973 年，随着英国、丹麦和爱尔兰的加入，欧共体管辖海域范围扩大，渔权协商难度也进一步增加，渔业资源分配成为政策难题，为此新旧成员国就共同渔业政策展开了长达十年的协商。1977 年，成员国一致同意将北海和北大西洋捕鱼区扩大到 200 海里范围。1979 年，成员国将海洋渔业资源养护和管理方面的权限转交至欧共体。1983 年，欧共体制定了渔业资源养护和管理政策①，这标志着共同渔业政策完整框架正式确立，渔业资源养护具有了独立的政策框架和体系化的政策措施。1984 年，欧共体正式签署《联合国海洋法公约》，其专属经济区内渔业资源的管辖权获得国际层面的承认。此外，部分成员国放松了在西大西洋、斯卡格拉克海峡和卡特加特海峡以及波罗的海部分区域的捕捞限制，主要鱼类过度捕捞问题凸显。

这一时期的渔业资源养护政策，在前期渔业资源养护措施调整完善的基础上，主要涵盖五个方面的内容。② 一是依据渔业科学和技术委员会编写的报告制定渔业资源养护措施，具体包括针对每个鱼类种群而设置的总捕捞量、可捕捞时间、渔具使用规则、最小可捕捞鱼体尺寸及捕捞强度、总捕捞量在成员国之间的配额等。二是承认成员国专属经济区的合法地位，将其主权或管辖范围内的所有水域拓展到 200 海里。三是在渔业种群脆弱区建立捕捞许可证制度，制定具体捕捞规则。四是提出“相对稳定”的政策理念，在满足沿海渔业产业和渔民生活需求的同时，减少渔业活动的危害，维系渔业资源稳定。五是成立渔业科学与技术委员会，负责撰写渔业资源现状、养护渔场和种群的方法、渔业科学技术设施等年度报告。

其中，在保护渔业资源的具体技术措施中，欧共体对渔网尺寸、网具使用、渔获物及副渔获物的大小、禁捕区域等做了详细规定。例如，为保护幼鱼，规定了渔网的最小网目尺寸，划定了鱼类种群脆弱区域，禁止渔船进入鱼类种群繁殖区域。由此可见，渔业资源养护政策开始成为共同渔业政策的重要内容，也为后续渔业资源养护政策的改革完善奠定了基础。

需要指出的是，这一时期欧共体管辖海域几经变化，特别是格陵兰

---

① 参见 Council Regulation（EEC） No 170/83。

② 参见 Council Regulation（EEC） No 170/83 和 Council Regulation（EEC） No 171/83。

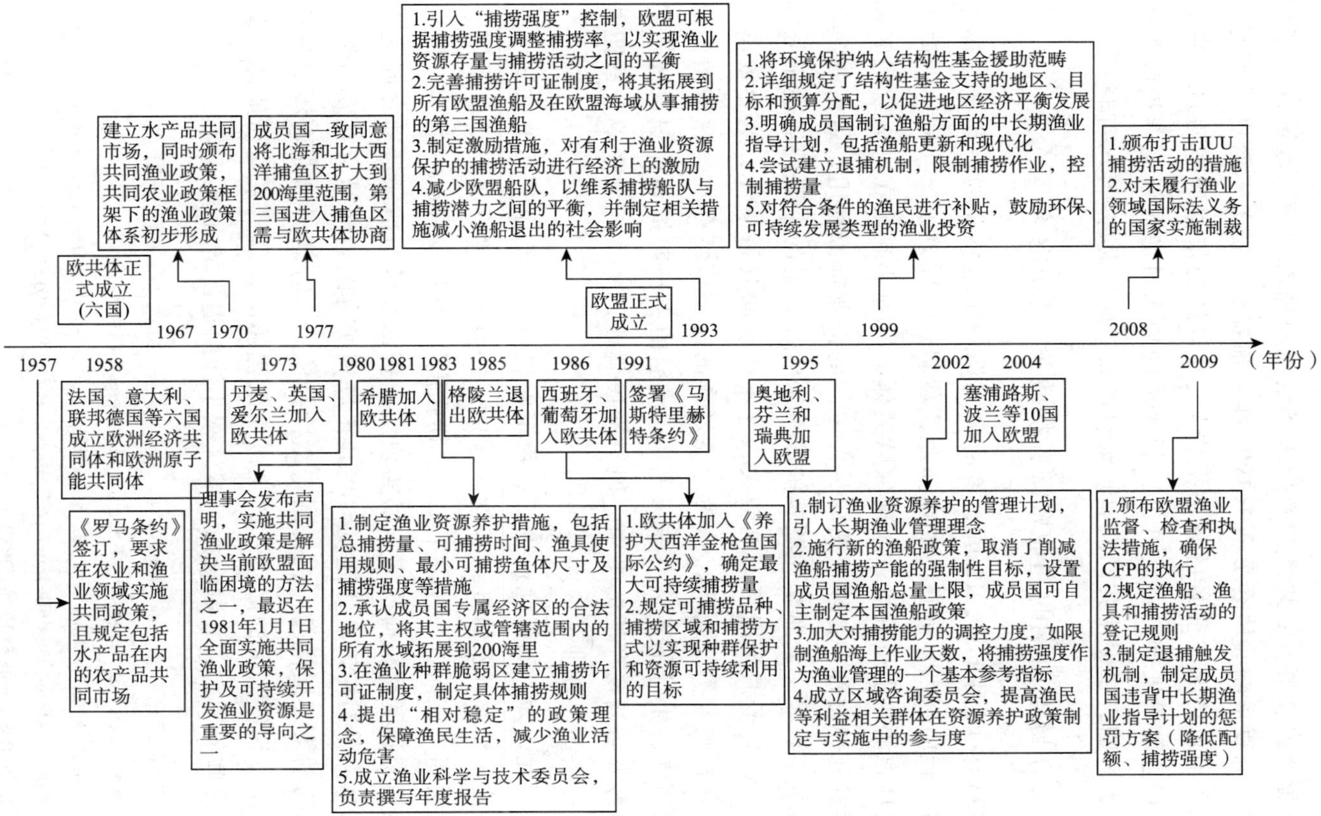

1957 《罗马条约》签订，要求在农业和渔业领域实施共同政策，且规定包括水产品在内的农产品共同市场

1958 法国、意大利、联邦德国等六国成立欧洲经济共同体和欧洲原子能共同体

1967 欧共体正式成立（六国）

1970 建立水产品共同市场，同时颁布共同渔业政策，共同农业政策框架下的渔业政策体系初步形成

1973 丹麦、英国、爱尔兰加入欧共体

1977 成员国一致同意将北海和北大西洋捕鱼区扩大到200海里范围，第三国进入捕鱼区需与欧共体协商

1980 理事会发布声明，实施共同渔业政策是解决当前欧盟面临困境的方法之一，最迟在1981年1月1日全面实施共同渔业政策，保护及可持续开发渔业资源是重要的导向之一

1981 希腊加入欧共体

1983 格陵兰退出欧共体

1983
1.制定渔业资源养护措施，包括总捕捞量、可捕捞时间、渔具使用规则、最小可捕捞鱼体尺寸及捕捞强度等措施
2.承认成员国专属经济区的合法地位，将其主权或管辖范围内的所有水域拓展到200海里
3.在渔业种群脆弱区建立捕捞许可证制度，制定具体捕捞规则
4.提出“相对稳定”的政策理念，保障渔民生活，减少渔业活动危害
5.成立渔业科学与技术委员会，负责撰写年度报告

1985 格陵兰退出欧共体

1986 西班牙、葡萄牙加入欧共体

1986
1.欧共体加入《养护大西洋金枪鱼国际公约》，确定最大可持续捕捞量
2.规定可捕捞品种、捕捞区域和捕捞方式以实现种群保护和资源可持续利用的目标

1991 签署《马斯特里赫特条约》

1993 欧盟正式成立

1993
1.引入“捕捞强度”控制，欧盟可根据捕捞强度调整捕捞率，以实现渔业资源存量与捕捞活动之间的平衡
2.完善捕捞许可证制度，将其拓展到所有欧盟渔船及在欧盟海域从事捕捞的第三国渔船
3.制定激励措施，对有利于渔业资源保护的捕捞活动进行经济上的激励
4.减少欧盟船队，以维系捕捞船队与捕捞潜力之间的平衡，并制定相关措施减小渔船退出的社会影响

1995 奥地利、芬兰和瑞典加入欧盟

1999
1.将环境保护纳入结构性基金援助范畴
2.详细规定了结构性基金支持的地区、目标和预算分配，以促进地区经济平衡发展
3.明确成员国制订渔船方面的中长期渔业指导计划，包括渔船更新和现代化
4.尝试建立退捕机制，限制捕捞作业，控制捕捞量
5.对符合条件的渔民进行补贴，鼓励环保、可持续发展类型的渔业投资

2002
1.制订渔业资源养护的管理计划，引入长期渔业管理理念
2.施行新的渔船政策，取消了削减渔船捕捞产能的强制性目标，设置成员国渔船总量上限，成员国可自主制定本国渔船政策
3.加大对捕捞能力的调控力度，如限制渔船海上作业天数，将捕捞强度作为渔业管理的一个基本参考指标
4.成立区域咨询委员会，提高渔民等利益相关群体在资源养护政策制定与实施中的参与度

2004 塞浦路斯、波兰等10国加入欧盟

2008
1.颁布打击IUU捕捞活动的措施
2.对未履行渔业领域国际法义务的国家实施制裁

2009
1.颁布欧盟渔业监督、检查和执法措施，确保CFP的执行
2.规定渔船、渔具和捕捞活动的登记规则
3.制定退捕触发机制，制定成员国违背中长期渔业指导计划的惩罚方案（降低配额、捕捞强度）

（年份）

图1　欧盟渔业资源养护政策的确立与历史演变

资料来源：笔者根据欧盟网站相关资料整理绘制。

的退出、西班牙和葡萄牙的加入以及德国的统一，欧共体船队规模和捕捞能力发生了巨大改变。西班牙和葡萄牙渔船数量较多，为了将其纳入渔业资源养护政策，欧共体在其加入条约时对捕捞配额、区域进行了详细规定，并要求欧共体委员会于 1993 年之前提交一份关于西班牙和葡萄牙加入后渔业情况和前景的评估报告①，并以此为依据调整西班牙和葡萄牙的渔业政策安排。由此可见，新成员的加入对渔业资源养护政策产生了重大影响，也促使共同渔业政策启动新一轮资源养护政策调整。

（二）欧盟时期的渔业资源养护政策（1993 年至今）

1993 年 11 月 1 日，12 国签署的《马斯特里赫特条约》生效，标志着欧盟时代的到来，明确要求在渔业领域制定共同政策，共同渔业政策的独立性在法律上得到承认。确保欧共体共同渔业政策在进入欧盟时期后继续实施并完善，合理平衡成员国之间的渔业资源利用，是当时渔业政策的主要议题。从渔业资源养护政策来看，此时的主要挑战在于限额捕捞（TAC）受政治因素影响较大，并不能反映其科学性，这导致了渔业资源养护政策不及预期；捕捞产能过剩的问题依然存在，保护渔业资源与保障渔民生计的矛盾并未缓解②；渔船的中长期指导计划保持了渔业资源开发与捕捞产能的平衡，但对渔民就业产生了较大影响，欧盟并未制定促进渔民就业的应对措施③。

基于此，为了确保渔业生产、稳定渔民收入，欧盟时期的共同渔业政策构建了渔业开发的准入和管理规则，此时的渔业资源养护政策内容主要包括四个方面。④ 一是引入“捕捞强度”（fishing effort）控制，欧盟可根据捕捞强度调整捕捞率，以实现渔业资源存量与捕捞活动之间的平衡；二是完善捕捞许可证制度，将其拓展到所有欧盟渔船及在欧盟海域从事捕捞的第三国渔船；三是制定激励措施，对有利于渔业资源保护的捕捞活动进行经济上的激励；四是减少欧盟船队，以维系捕捞船队与捕捞潜力之间的平衡，并制定相关措施减小渔船退出的社会影响。

---

① 参见 Treaty of Accession of Spain and Portugal（1985）。

② Lisa Borges, “Setting of Total Allowable Catches in the 2013 EU Common Fisheries Policy Reform: Possible Impacts,” *Marine Policy* 91(2018): 97 – 103.

③ 参见 Document 51992AC0638。

④ 参见 Council Regulation（EEC）No 3760/92。

渔业资源养护政策的调整在一定程度上缓解了渔业资源衰退的趋势，但是渔业资源可持续利用目标依然未能实现。许多重要鱼类资源依然被过度开发，欧盟委员会发布的通讯文件《共同渔业政策的改革》指出，欧盟海域内成熟的底层鱼群数量比1970年减少了90%，其中北海、苏格兰西部和爱尔兰海域的鳕鱼以及斯卡格拉克海峡与比斯开湾海域的北鳕鱼种群丰度更低，捕捞死亡率（fishing mortality）持续提升导致这些海域成熟鱼的种群丰度低于最大可持续产量（Maximum Sustainable Yields, MSY），鱼类种群可持续性受到严重威胁。同时，限额捕捞面临着理事会的政治利益、过度捕捞、丢弃渔获物、渔船捕捞产能过剩等因素挑战，降低了对濒危但商业价值较高鱼群的有效保护程度。此外，技术进步提高了渔船捕捞能力（fishing capacity），弥补了中长期指导计划所削减的捕捞产能，现行的政策未能实质性削减渔船捕捞产能。此轮政策未将环境因素纳入渔业资源养护政策的制定范畴，捕捞活动对海洋环境的影响破坏了鱼群栖息地，不利于渔业资源可持续利用。

为此，2002年欧盟启动了新一轮共同渔业政策改革，调整后的渔业资源养护政策①主要包括：一是制订渔业资源养护的管理计划，引入长期渔业管理理念；二是施行新的渔船政策，取消了削减渔船捕捞产能的强制性目标，设置成员国渔船总量上限，成员国可自主制定本国渔船政策；三是加大对捕捞能力的调控力度，如限制渔船海上作业天数，将捕捞强度作为渔业管理的一个基本参考指标；四是成立区域咨询委员会（GACS），提高渔民等利益相关群体在资源养护政策制定与实施中的参与度，通过了地中海保护政策、波罗的海技术措施以及西部水域具体捕捞强度等相关规定。

从欧共体到欧盟，其渔业资源养护政策的制定与调整，立足区域内渔业现状及变化趋势，在渔业资源分配与管理、渔船与捕捞工具管理和渔业行政制度构建等方面，对资源养护的理念与政策措施进行了开拓性的尝试与改革。渔业资源养护政策已成为共同渔业政策的核心内容，如何实现渔业资源的可持续利用成为欧盟共同渔业政策改革的主要方向。

---

① 参见 Council Regulation（EC）No 2369/2002、Council Regulation（EC）No 2370/2002、Council Regulation（EC）No 2371/2002。

二　欧盟渔业资源养护政策的框架体系与主要措施

（一）欧盟渔业资源养护政策的基本框架与改革方向

最新一轮的共同渔业政策从 2014 年起开始实施，其基本框架包括渔业管理、国际政策、市场和贸易政策、财政支持四大支柱，政策目标仍然是确保渔业可持续发展，渔业管理方式转变能够实现经济、社会和就业效益以及保障食物充足供给。本轮改革构建了完整的渔业资源养护政策框架体系（见表 1），其中渔业管理方面涉及的资源养护措施最多，包括捕捞配额管理措施、中长期渔业计划等。在国际政策方面，北方协定达成，规定了共同养护和管理北海及东北大西洋共享渔业资源的相关协议；可持续渔业伙伴关系协定（Sustainable Fisheries Partnership Agreements）、多边渔业协定（Multilateral Agreements）以及打击非法、未报告和无管制（Illegal, Unreported and Unregulated, IUU）捕捞活动等措施相继实施。在市场和贸易政策方面，制定并实施共同市场组织方面的资源养护措施。在财政支持方面，欧盟设立 2014～2020 年欧洲海事和渔业基金（European Maritime and Fisheries Fund, EMFF），用于支持渔业政策实施；设立 2021～2027 年欧洲海事、渔业和水产养殖基金（European Maritime, Fisheries and Aquaculture Fund, EMFAF），用于支持欧盟渔业资源可持续利用，其首要目标是养护和合理开发渔业资源，为内外政策实施提供必要的资金保障。

表 1　2014 年渔业资源养护政策的基本框架与政策目标

政策目标	四大支柱	资源养护政策相关措施
渔业可持续发展	渔业管理	捕捞配额管理措施
		中长期渔业计划
		深海渔业养护措施
		丢弃渔获物与登陆义务管理措施
		养护渔业资源技术措施
		捕捞渔船管理措施

续表

政策目标	四大支柱	资源养护政策相关措施
渔业可持续发展	国际政策	北方协定（双边渔业协定）
		可持续渔业伙伴关系协定（双边渔业协定）
		多边渔业协定
		打击 IUU 捕捞活动的措施
	市场和贸易政策	共同市场组织方面的资源养护措施
	财政支持	欧洲海事和渔业基金（2014～2020 年）
		欧洲海事、渔业和水产养殖基金（2021～2027 年）

资料来源：笔者根据 Council Regulation（EC）No 1005/2008、Regulation（EU）No 1379/2013、Regulation（EU）No 1380/2013、Regulation（EU）No 508/2014、Regulation（EU）2021/1139、Regulation（EU）2016/2336 等文件整理制作。

从整体上看，欧盟渔业资源养护政策可分为对内和对外两类。其中，渔业管理是主要的对内政策，从鱼群管理、捕捞活动管理和捕捞设施管理三个维度对资源养护做出相关规定，是渔业资源养护政策的主要政策手段。由于渔业资源具有公共物品属性，市场措施在资源养护方面的手段较少。国际政策、市场和贸易政策则是主要的对外政策，各种渔业协定的签署，在一定程度上缓解了对区域内渔业资源开发的压力，起到养护渔业资源的重要作用。

在此前一轮的改革中，共同渔业政策虽然引入了管理计划、设置捕捞量和成员国渔船总量最高限额等资源养护措施，但是并未能解决捕捞渔船过剩、渔业资源利用方式不可持续、政策目标偏向短期等问题。2009 年的共同渔业政策改革绿皮书显示，欧盟 88% 的鱼类种群捕捞量超过了捕捞限额，渔获物呈现幼龄化趋势，水生生物资源正在不断衰退。2011 年欧盟委员会发布对渔业资源养护政策的运作情况报告，指出 60% 以上的鱼类种群捕捞量超过了限额。因此，为实现渔业资源可持续利用，欧盟要求在 2015 年之前将鱼类种群恢复和维持在限额捕捞的生物量水平上。在新一轮的共同渔业政策改革中，渔业资源养护政策主要在引入环境因素对资源养护政策的影响、提高区域咨询委员会对资源养护政策的参与度、实施中长期渔业计划、实施上岸义务、提高渔业政策科学性、实施财政支持以满足资源养护要求、加强国际合作以强化欧盟渔业影响力等方面进行了改革调整。

（二）欧盟渔业资源养护政策的最新调整与主要措施

1. 改革渔业资源管理方式和捕捞活动管理方式

为了实现渔业资源可持续利用，欧盟强化了资源养护理念在渔业管理上的应用，主要调整集中在逐步实施上岸义务和实施中长期渔业计划等方面。

（1）逐步实施上岸义务，减少丢弃渔获物

欧盟每年有大量商业性渔获物被丢弃，以 2003 ~ 2005 年为例，欧盟丢弃渔获物占渔获物总量的 20% ~ 60%[①]，这不仅造成了生物资源的巨大浪费，也与渔业资源养护理念相背离[②]。2015 年，欧盟逐步实施上岸义务，减少丢弃渔获物，针对不同区域、不同鱼类种群在不同时间点上实施渔获物上岸义务，并于 2019 年全面实施（见表 2）。以波罗的海为例，欧盟规定波罗的海鳕鱼的最小保护参考尺寸为 35 厘米，捕捞的鳕鱼无论是低于或高于最小保护参考尺寸，都需要全部登记并带上岸，计入渔民的捕捞配额。[③] 实施上岸义务主要是为了改变渔民丢弃渔获物的不良捕捞方式，引导渔民选择更合理的捕捞生产方式，使用可筛选渔具。[④] 上岸义务虽然增加了渔获物贮存运输成本，渔民捕捞上岸的渔获物总价值会降低，但是在捕捞作业中强化了资源养护理念，从长远看可以减少对鱼类种群的破坏，有利于渔业资源可持续利用。[⑤]

---

① 参见 Document 52007DC0136。

② Lisa Borges, Kraak Sarah, "The Unintended Impact of the European Discard Ban," *ICES Journal of Marine Science* 78(2021): 134 - 141.

③ 参见 Commission Delegated Regulation（EU）2018/306。

④ Søren-Qvist Eliasen, Jordan Feekings, Ludvig Krag, et al., "The Landing Obligation Calls for a More Flexible Technical Gear Regulation in EU Waters-Greater Industry Involvement Could Support Development of Gear Modifications," *Marine Policy* 99 (2019): 173 - 180.

⑤ Brita Bohman, "Regulatory Control of Adaptive Fisheries: Reflections on the Implementation of the Landing Obligation in the EU Common Fisheries Policy," *Marine Policy* 110(2019): 103557.

表 2　不同鱼类种群逐步实施上岸义务的时间安排

区域	鱼类种群	时间
波罗的海	小型远洋鱼类（鲭鱼、鲱鱼、马鲛鱼、蓝鳕鱼、野猪鱼、凤尾鱼、沙丁鱼）、大型远洋鱼类（蓝鳍金枪鱼、箭鱼、长鳍金枪鱼、大眼金枪鱼、蓝旗鱼和白旗鱼）	2015 年 1 月
	其他	2017 年 1 月
北海、大西洋西北海域和西南海域	黑线鳕、白线鳕、旗鱼、挪威龙虾、普通鳎目鱼、鲽鱼、鳕鱼和北方对虾	2019 年 1 月
	其他	2016 年 1 月
地中海、黑海、欧盟管辖的其他水域及公海	小型远洋鱼类（鲭鱼、鲱鱼、马鲛鱼、蓝鳕鱼、野猪鱼、凤尾鱼、沙丁鱼）、大型远洋鱼类（蓝鳍金枪鱼、箭鱼、长鳍金枪鱼、大眼金枪鱼、蓝旗鱼和白旗鱼）	2015 年 1 月
	其他	2019 年 1 月

资料来源：笔者根据 Council Regulation（EC）No 1380/2013 等编译整理。

（2）实施中长期渔业计划，强化各区域渔业资源管理

中长期渔业计划是通过预防性和基于生态系统的渔业管理方法实现共同渔业政策目标，基于科学判断制定养护措施，恢复鱼类种群，使其能达到最大持续产量，实现上岸义务。① 具体措施包括为实现最大持续产量目标的政策安排、控制捕捞强度政策、具体技术措施及实现上岸义务的相关措施。中长期渔业计划针对每一个物种制定资源养护措施，设定可量化的指标，如捕捞死亡率或者亲体量②（Spawning Stock Biomass，SSB）等，以及为实现这些指标设定具体时间表（见表 3）。中长期渔业计划在一定程度上保障了渔业资源稳定性，实现了资源长期可预测性，成为渔业资源养护政策的核心内容，是对 2002 年共同渔业政策渔业资源养护管理计划的整合调整，力求实现鱼类种群处在安全生物限度内，促进渔业可持续发展和海洋生态环境保护。

① Raúl Prellezo, Curtin Richard, "Confronting the Implementation of Marine Ecosystem-based Management within the Common Fisheries Policy Reform," *Ocean & Coastal Management* 117(2015): 43 – 51.

② 鱼类群体中达到性成熟个体的总重。

表 3　欧盟水域的中长期渔业计划

区域	种群	目标	生效时间
波罗的海	波罗的海东部和西部的鳕鱼；波罗的海中西部、里加湾和波的尼亚湾的鲱鱼、黍鲱	2020 年逐步达到每个鱼类种群设定的目标捕捞死亡率	2016 年 7 月
北海	底栖鱼类，如无须鳕、红鲻鱼、深水玫瑰虾和蓝红虾等	2020 年逐步达到每个鱼类种群设定的目标捕捞死亡率	2018 年 8 月
西部水域	黑剑鱼、鲈鱼、鳕鱼、挪威龙虾和黑线鳕鱼等	2020 年逐步达到每个鱼类种群设定的目标捕捞死亡率	2019 年 3 月
西地中海	底栖鱼类，如无须鳕、红鲻鱼、深水玫瑰虾和蓝红虾等	2020 年，最迟 2025 年，实现捕捞死亡率达到参考 MSY 的目标捕捞死亡率	2019 年 7 月

资料来源：笔者根据 Council Regulation（EU）2016/1139、Regulation（EU）2018/973、Regulation（EU）2019/472 和 Regulation（EU）2019/1022 整理制作。

2. 推动区域化渔业资源养护，加强渔业数据管理

提高成员国在制定渔业资源养护政策时的话语权，推动区域化资源养护政策构建，也是欧盟渔业资源养护政策最新调整的重要内容。欧盟委员会需采纳成员国建议，修订资源养护政策，成员国可在符合欧盟渔业资源养护政策的规定下，制定和实施符合本国国情的渔业资源养护政策。区域化资源养护措施在保证欧盟制定共同渔业政策专属权限的情况下，赋予成员国一定的资源养护政策制定自由，这在一定程度上缓解了制定渔业资源养护政策缺乏灵活性的问题。

为了加强渔业科学管理，最新的渔业资源养护政策增加了对渔业数据收集的要求，为此欧盟颁布了关于渔业部门数据收集、管理和使用的专门法案。法案要求对收集哪些渔业数据、如何收集渔业数据以及如何存储及使用数据做出系统规定，其中要求建立一个为实现共同渔业政策养护目标的渔业数据库。该数据库包括种群生物数据、捕捞活动数据和渔业经济数据三大内容，主要用于评估海洋生物资源状况、捕捞活动和捕捞强度对海洋生态资源与环境的影响，体现了欧盟资源养护政策向渔业科学管理的转变。这也是欧盟共同渔业政策改革的重要内容之一。

3. 国际政策中的渔业资源养护政策调整

在共同渔业政策最新的国际政策中，渔业资源养护政策的最新调整主要聚焦打击非法、未报告和无管制捕捞活动以及签署相关渔业协定等方面。

（1）打击非法、未报告和无管制捕捞活动

欧盟官方资料显示，每年有近50万吨、价值11亿欧元的非法捕捞水产品进入欧盟，不仅损害了欧盟渔民利益，也严重破坏了国际渔业资源环境。2008年，欧盟正式加入打击IUU捕捞活动的国际行动计划，并制定专门法案。针对不参与打击IUU捕捞活动的国家，欧盟将先实施发出警告等措施，若仍不参与合作，则将该国列入不合作国家名单，并实施相应的制裁措施。打击IUU捕捞活动是欧盟渔业对外政策的重要部分，一方面养护了欧盟渔业资源，维护了欧盟渔民的合法捕捞权益；另一方面树立了良好的国际形象，提高了欧盟在制定国际渔业资源管理相关协定方面的影响力，增强了欧盟在海洋资源利用上的话语权。

（2）签署相关渔业协定

针对共有海域的渔业资源管理与利用，欧盟签署了《巴塞罗那公约》、《波罗的海渔业养护协定》和大西洋地区海洋战略行动计划等。以《波罗的海渔业养护协定》为例，该协定的主要目的是确保缔约方在公平互利的基础上养护波罗的海渔业资源，促进渔业资源可持续利用，规定了缔约方在波罗的海依据渔业种群类别的捕捞配额、捕捞强度和捕捞技术措施，允许缔约方在另一方专属经济区依法从事捕捞作业，并设立波罗的海渔业联合委员会进行监督管理。

此外，欧盟为最大化地利用他国渔业资源，与非欧盟国家签订了可持续渔业伙伴关系协定（包括金枪鱼协定和混合渔业协定）（见表4），通过支付一定的援助资金协助缔约方养护渔业资源，缔约方允许欧盟船队在其专属经济区捕捞剩余配额。可持续渔业伙伴关系协定是欧盟获取超额捕捞配额的一种方式，利用自身经济优势，以资源养护为由获取发展中国家渔业资源开发权，体现了欧盟合理利用世界贸易组织（WTO）规则的渔业措施创新。此外，欧盟通过签署各种多边协定，加入了印度洋金枪鱼委员会、大西洋渔业委员会等区域渔业管理组织（RFMO），推动欧盟对公海渔业资源的开发利用。

表4　欧盟渔业协定清单

单位：欧元

国家	到期日	类型	每年总捐款	部门支持
佛得角	2024年5月19日	金枪鱼	750000	350000
科摩罗	协定于2016年12月31日到期。弃权协定			

续表

国家	到期日	类型	每年总捐款	部门支持
库克群岛	2021年11月13日	金枪鱼	735000	350000
科特迪瓦	2024年7月31日	金枪鱼	682000	352000~407000
赤道几内亚	协定于2001年6月30日到期			
加蓬	2026年6月28日	金枪鱼	2600000	1000000
格陵兰	2025年4月21日	混合	13590754	2931000
几内亚比绍	2024年6月14日	混合	15600000	4000000
基里巴斯	协定于2015年9月15日到期			
利比里亚	协定于2020年8月12日到期			
马达加斯加	协定于2018年12月31日到期			
毛里塔尼亚	2026年11月15日	混合	57500000	3300000
毛里求斯	2021年12月7日	金枪鱼	575000	220000
密克罗尼西亚	协定于2010年2月24日到期			
摩洛哥	2023年7月17日	混合	4年2.08亿	17900000~20500000
莫桑比克	协定于2015年1月31日到期			
塞内加尔	2024年11月17日	金枪鱼+鳕鱼	1700000	900000
塞舌尔	2026年2月23日	金枪鱼	5300000	2800000
所罗门群岛	协定于2012年10月8日到期			
冈比亚	2025年7月30日	金枪鱼+鳕鱼	550000	275000

资料来源：Sustainable Fisheries Partnership Agreements（SFPAs）。

4. 渔业资源养护政策的财政支持调整

在财政支持方面，欧盟通过设立专项基金（见表5），推动渔业资源有效养护。作为欧洲结构和投资基金（European Structural and Investment Funds，ESIF）之一的EMFAF，旨在支持共同渔业政策、欧盟海事政策和欧盟国家海洋治理议程，为可持续渔业的开发创新项目提供资金支持，从而保障水产品供给和海洋经济可持续增长。在资源养护方面，EMFAF主要用于投资市场失灵领域但是有利于渔业可持续发展的项目，其中一个重要项目就是支持欧盟渔业数据收集，为欧盟渔业科学管理提供资金支持。此外，EMFAF依然对欧盟船队进行补贴，但是其申请需要符合渔

业可持续发展目标①；同时也为欧盟生物多样性战略提供支撑，要求在2026～2027年将年度预算支出的10%用于渔业资源养护。

表5　EMFF和EMFAF的主要支持措施

	EMFF	EMFAF
实施期限	2014年1月1日至2020年12月31日	2021年1月1日至2027年12月31日
预算分配	欧盟委员会分配11%的预算，成员国以项目方式管理分配89%的预算	由欧盟预算和成员国共同资助的国别项目出资53.11亿欧元，由欧盟委员会直接管理的预算为7.97亿欧元
目标	帮助落实共同渔业政策，提高欧盟渔业和水产养殖竞争力，促进环境友好、经济有效和社会满意的渔业经济，促进欧盟综合海事政策实施	实现渔业等海洋生物资源的可持续利用与管理
优先事项	①保障环境可持续、高效、创新的渔业经济及水产养殖；②完善渔业科学管理，资助渔业数据收集管理以促进共同渔业政策落实	①促进对可持续渔业资源及水生生物资源的恢复和保护；②开展可持续水产养殖活动；③加强国际海洋治理
预算金额	64亿欧元	61.08亿欧元

资料来源：欧盟官方网站、Regulation（EU）No 508/2014和Regulation（EU）No 2021/1139。

三　政策建设

欧盟渔业资源养护政策自1983年确立以来，逐渐成为共同渔业政策的核心内容之一。在历经多轮改革调整后，渔业资源养护政策在提高欧盟渔民收入、保障水产品供给等方面发挥了至关重要的作用。虽然国内外学者对共同渔业政策的争议很大，不合理的渔业补贴引致渔民过度捕捞，但是渔业资源养护政策的不断丰富完善，体现了欧盟致力于解决保障渔民收入与实现资源可持续利用之间的矛盾。该政策在推动渔业资源保护利用的同时，提高了欧盟渔业竞争力，增强了欧盟在国际渔业谈判中的话语权，使得欧盟长期以来都是世界渔业生产重要地区。基于前文分析，针对中国完善渔业资源养护政策，本文提出如下几点政策建议。

一是加大对渔业资源的保护力度。1999年，中国实施海洋捕捞“零

① Daniel J. Skerritt, Arthur Robert, Ebrahim Naazia, et al.,“A 20 - year Retrospective on the Provision of Fisheries Subsidies in the European Union,” *ICES journal of Marine Science* 77(2020): 2741 - 2752.

增长”计划；2021 年起在长江流域实施为期 10 年的禁捕，改变传统渔业生产方式，实现渔业资源可持续利用，这已经成为中国渔业政策的重要组成部分。随着生态文明建设步伐的加快，海洋渔业资源养护和淡水养殖向环境友好转型是中国渔业政策的重要出发点。持续加大渔业资源养护力度，构建环境友好的渔业生产体系，有利于树立中国在国际渔业资源养护上的良好形象，进一步提升中国在国际渔业谈判中的话语权。

二是设立渔业发展专项基金。中央渔业发展补助专项资金是中国落实相关渔业政策的重要保障，对中国渔业健康发展起到了重要的推动作用，但存在资金总量有限、用途受限等突出问题。借鉴欧盟设立 EMFAF 的实践经验，中国可在乡村振兴专项基金中合理增设渔业发展基金模块，加大对渔业渔村可持续发展的投入力度，为有利于渔业资源可持续开发利用的创新项目提供必要的资金支持，支持渔业数据收集，以此推动渔业科学管理，在资助渔业生产发展项目时增加对渔业可持续发展目标的评价考核等。

三是合理利用国际规则确保海洋渔业权。欧盟为解决成员国捕捞配额不足的问题，采取支付援助资金等方式开发非成员国专属经济区剩余捕捞配额，通过各种多边协定加大对公海渔业资源的开发利用力度。针对近年来中国远洋捕捞引发的国际纷争，欧盟的这些做法值得借鉴思考，利用好现有国际规则，引导制定新的国际规则，采取有力措施尽可能将中国远洋捕捞纳入 WTO 和《联合国海洋法公约》合法框架。

The Adjustment and Revelation of EU Fisheries Resources Conservation Policy

Huang Bo[1], *Zhong Fangke*[1], *Wu Chunming*[2]

(1. School of Agricultural Economics and Rural Development, Renmin University of China, Beijing, 100872, P. R. China; 2. Management School, Ocean University of China, Qingdao, Shandong, 266100, P. R. China)

Abstract: In this paper, we review the formation, establishment and evolution of fisheries resources conservation policies from the EC to the EU. We point out that fisheries resources conservation policy focus on achieving long-term sustainable use of fisheries resources. We systematically review the EU fisheries resources conservation policy in terms of fisheries management, international policy, market and trade policy and financial support according to the EU Common Fisheries Policy reform program. We find that the last round of CFP reform mainly made changes to the way fisheries resources, including the way of fisheries resources management, regionalized fisheries resource management and international policies in fisheries resources conservation. Therefore, we proposed to increase the protection strength of fishery resources, establish a special fund for fishery development, and rationally use the international rules to ensure marine fishery rights.

Keywords: Common Fisheries Policy; Fisheries Resources Conservation Policy; Fisheries Resources Management; Sustainable Fisheries; Capture Fisheries

（责任编辑：孙吉亭）

提升江苏沿海地区海洋文化影响力发展海洋文化产业的路径研究*

王刘波　包艳杰**

摘　要　随着海洋的重要性被广泛认知，特别是"海洋强国"战略提出后，海洋文化逐渐成为研究的热点问题。在中国重大历史关头，文化都与国家的形势息息相关，它是民族生存和发展的重要力量。江苏沿海地区应该正视与上海、青岛、宁波等海洋文化建设先进城市的差距，以发展海洋经济为基础，提升城市吸引力；充分发掘江苏海洋历史文化价值，推动江苏海洋历史文化创造性发展，使之能够与江苏海洋经济实际发展需要相适应；大力开展针对青少年的海洋文化普及教育工作，帮助青少年树立正确的海洋历史文化观；培养和发展能够增强当前民众体验感、获得感的现代海洋文化旅游产业。

关键词　文化强国　江淮文化　江海文化　海盐文化　海洋文化

---

* 本文为2022年度江苏省高校哲学社会科学研究项目（思政专项）（项目编号：2022SJSZ0084）、2021年度南通市社会科学基金项目（项目编号：2021CNT020）、2021年度青岛农业大学思想政治教育课题（项目编号QNSZ2021101）的阶段性成果。

** 王刘波（1983～），男，博士，江苏航运职业技术学院马克思主义学院形势与政策教研室主任、讲师，江苏省郑和研究会理事、南通市政协参政议政人才库成员，主要研究领域为海洋文化、航海史。包艳杰（1985～），女，通讯作者，博士，中国人民大学社会与人口学院在站博士后，青岛农业大学人文社会科学学院讲师，主要研究领域为环境史、文化人类学。

近年来，随着海洋的重要性被广泛认知，特别是“海洋强国”战略提出后，海洋文化逐渐成为研究的热点问题。笔者通过知网检索发现，以海洋文化为主题的文章从20世纪90年代的年均10篇左右发展到党的十八大以来的年均400余篇。众多学者对海洋文化定义和研究范畴、海洋文化发展态势、海洋文化建设与中国的发展战略关系等问题进行了深入思考，提出颇有价值的建议看法。在涉及江苏海洋文化研究方面，有些学者从江苏地域文化特色入手，分析江苏海洋文化的表现与内涵；也有学者从“一带一路”视角分析了文化的形态和历史传承问题；还有一些学者从文化与城市关系角度，谈及江苏地方海洋文化与城市发展之间的关系等。[①] 总之，学者对江苏海洋文化具体表现形态、精神内涵、历史文化内容研究较多，对江苏海洋文化的批判分析不够，本文从文化强国的角度入手，结合江苏沿海海洋文化发展实际，针对江苏沿海发展海洋文化、提升海洋文化影响力提出对策建议。

一　加强海洋文化建设的政策背景

文化潜移默化、润物无声，是国家得以生存发展、长存历史之河的核心要素。在中国的重大历史关头，文化都与国家的形势息息相关，国家强大，文化得以远播传承；国家衰弱，文化式微不振。它是民族生存和发展的重要力量。中华民族在五千年的发展过程中，经历了无数的天灾人祸、内乱与外敌入侵，但是，几经沉沦便几经复兴繁荣，其中能够使中华民族重新站立的一个重要原因就是文化在民众中得以保存，生生不息。

21世纪以来，文化的功效突破了国家的界线，在全球国际竞争中发

① 孟召宜、苗长虹、沈正平、渠爱雪：《江苏省文化区的形成与划分研究》，《南京社会科学》2008年第12期；《中国海洋文化》编委会编《中国海洋文化·江苏卷》，海洋出版社，2016；许思文：《江苏沿海文化特有形态及其历史传承——“一带一路”视域下江苏沿海文化开发研究之一》，《港口经济》2016年第2期；徐耀新：《江苏地域文化述论》，《艺术百家》2017年第4期；沈启鹏：《南通城市文化特色研究》，《南通师范学院学报》（哲学社会科学版）2004年第4期；阚耀平、高鹏：《南通江海文化旅游开发研究》，《国土与自然资源研究》2012年第5期。

挥了不可替代的作用。二战后，以美国为首的西方国家以高度发达的经济实力为后盾，以在国际竞争中形成的创新优势地位为平台，以领先的科学技术和管理水平为手段，在全球进行持续文化价值观输出，形成了以自由、平等、民主为核心内容的强调人权高于主权的“普世价值观”，进而稳固了西方国家的全球话语体系，也为西方国家干涉其他国家内政、打压竞争对手提供了道德和舆论的制高点。

从当前中国所处的国内国际环境来看，西方这种文化价值优势的存在，尤其能够制约当前中国国际地位的提升与良好国际形象的塑造。进入新世纪新阶段，世界形势发生了重大变化，中国迎来了百年未有之大变局。一方面，在长达几十年的高速发展之后，中国的生态环境恶化、资源紧张、区域发展不平衡等深层问题日渐显露，依靠传统的经济发展模式不能满足社会主义现代化发展的需求，中国需要从高速发展转向高质量发展，需要从追求以经济发展为主转变为经济建设、政治建设、文化建设、社会建设、生态文明建设全面综合协调发展。另一方面，随着中国综合国力的不断增强，中国逐渐从世界舞台的边缘走向中央、从以陆上为主走向陆海统筹、从西方追赶者变成超越者，正在打破西方对世界话语权的垄断，同时也使西方对中国的发展产生深深的忧虑，中国所遭受的西方国家的遏制越来越严重和频繁，中国与周边国家的局部矛盾被刻意放大，中国与主要发达国家之间的关系正在悄然发生变化。怎么破解西方这种文化价值优势、改变中国国际地位与形象矛盾的局面？在这重要关头，以习近平同志为核心的党中央高瞻远瞩、统筹全局，对中国和平发展产生的系列问题进行了深刻思考、系统谋划，从统筹国内国际发展大局角度提出文化强国战略，从深度参与国际竞争、打破西方话语权垄断、提高城市竞争力角度对文化的重要性进行重新认识与思考。

2013 年 11 月，习近平总书记指出，“一个国家、一个民族的强盛，总是以文化兴盛为支撑的，中华民族伟大复兴需要以中华文化发展繁荣为条件”①。在党的十九大报告中，习近平总书记进一步指出，“文化是

① 《习近平谈建设社会主义文化强国》，http://theory.people.com.cn/n/2014/0807/c40531-25421812.html?from=groupmessage&isappinstalled=0，最后访问日期：2022 年 6 月 27 日。

一个国家、一个民族的灵魂。文化兴国运兴，文化强民族强”①。2020年，习近平总书记语重心长地对专家学者讲道：“中国特色社会主义是全面发展、全面进步的伟大事业，没有社会主义文化繁荣发展，就没有社会主义现代化。”从统筹推进“五位一体”总体布局、协调推进“四个全面”战略布局看，文化是重要内容；从推动高质量发展看，文化是重要支点。②

在城市的发展过程中，文化也扮演了重要角色。文化是当今国际竞争中国家影响力最深层次的内核。党中央已经立足高处，从战略角度把文化放到重要位置，认识到在文化的引领下，国家的精神财富才能获得极大丰富，民族的精神力量才能得到增强，城市才能得到持续发展的能力，才能树立良好的对外形象和凝聚对内的人心。当前，我们在发展地方海洋文化的过程中，必须以党中央的号召为引领，结合地方实际，统筹谋划与实施相应政策。

二　江苏沿海地区海洋文化发展面临的问题

江苏沿海地区由连云港、盐城、南通三地组成，按照学术界的普遍看法，三地所属的海洋文化区处于江苏主流文化的边缘地带或者亚文化区。③ 连云港拥有东夷文化影响下的山海文化，集中表现在创世神话、历史著名人物、小说和遗迹等方面。连云港海洋自然景观资源丰富多样，拥有江苏唯一的基岩性海港，旅游景观完善，是江苏真正意义上的沿海

---

① 《决胜全面建成小康社会　夺取新时代中国特色社会主义伟大胜利——在中国共产党第十九次全国代表大会上的报告》，http://www.moe.gov.cn/jyb_xwfb/xw_zt/moe_357/jyzt_2017nztzl/2017_zt11/17zt11_yw/201710/t20171031_317898.html，最后访问日期：2022年6月10日。

② 《人民网评：没有社会主义文化繁荣发展，就没有社会主义现代化》，https://baijiahao.baidu.com/s?id=1682388293111811871&wfr=spider&for=pc，最后访问日期：2022年6月10日。

③ 严文明：《东夷文化的探索》，《文物》1989年第9期；高广仁、邵望平：《中华文明发祥地之一——海岱历史文化区》，《史前研究》1984年第1期；徐耀新：《江苏地域文化述论》，《艺术百家》2017年第4期；孟召宜、苗长虹、沈正平、渠爱雪：《江苏省文化区的形成与划分研究》，《南京社会科学》2008年第12期。

城市。盐城因盐得名，长期以来以盐业为主的经济生产活动使得盐城浸润于海盐文化之中，区域内遍布与盐业有关的村镇、遗迹、信仰、习俗、语言文化等。除此之外，由于地理环境的特殊性，盐城具有丰富的湿地生态资源，有着“东方湿地，百河之城”的称号。南通处于江海交汇之处，是连接长三角核心地带与江苏北部的门户之地，因而表现出明显的交融性以及对交流通达的意愿，具体反映在其区域内古代与近现代经济形态变化、吴文化与江淮文化交融等方面。盐城和南通的文化精神又被分别归纳出反映本地特色的内涵与价值。①

近年来，江苏沿海地区虽然随着社会经济的发展，海洋得到开发，文化事业得到发展，但是其海洋文化发展与上海、青岛、宁波等城市相比仍有一定的差距，主要表现在以下几个方面。

（一）航海精神不足，海洋意识薄弱

江苏地处长江与淮河流域，河流密布、平原广阔。自古以来，江苏经济发达、商业繁荣，是中国经济社会发展最为活跃的省份之一。然而，由于长江与古黄河常年的泥沙冲积，沿海形成了广阔的滩涂地带，由此造成除北部连云港外，基本上没有形成天然的港口。特殊的沿海环境造就了江苏沿海居民具有赶海捕鱼、煮海煎盐的生活习性，却缺乏航海冒险精神。长期以来，人们对海洋的认识不足，没有充分认识海洋、利用海洋、经略海洋，海洋意识非常薄弱。据国民海洋意识发展指数课题组统计，2017 年南通、连云港、盐城在沿海城市国民海洋意识发展指数排名中分别列第 17、20、34 位②，远远落后于上海、青岛、天津、厦门、大连等城市。航海精神不足、海洋意识薄弱对江苏海洋经济产生了直接

① 于海根认为海盐文化可以概括为“艰苦奋斗、负重奋进的创业精神”“刚勇坚毅、百折不挠的斗争精神”“团结协作、共同拼搏的团队精神”“勇于创业、敢为争先的进取精神”，见于海根《海盐文化与盐城城市精神》，《盐城工学院学报》（社会科学版）2009 年第 2 期。沈启鹏认为南通江海文化拥有开拓性、包容性、独特性的特征，见沈启鹏《南通城市文化特色研究》，《南通师范学院学报》（哲学社会科学版）2004 年第 4 期。徐耀新认为江海文化具有“海纳百川、崇文重教、开拓创新”的特质，见徐耀新《江苏地域文化述论》，《艺术百家》2017 年第 4 期。

② 国民海洋意识发展指数课题组：《国民海洋意识发展指数报告（2017）》，海洋出版社，2019，第 89 页。

的影响。1949年至改革开放初期，江苏受到国内外冷战格局影响，其沿海地区成为边防军事要地，除了规模有限的中波、中远远洋业务外，对海洋的经略主要局限在修复海堤、围垦沿海荒废盐碱土地、保卫人民人身财产安全、采捕近海渔业资源等方面。改革开放后，江苏经略海洋的意识仍长期不足。1995年江苏提出“海上苏东”发展战略，并被列为江苏省“九五”计划和跨世纪发展工程，该战略获得一定成效，但是问题比较突出。相比山东和浙江沿海工业和港口建设、深海远洋捕捞等多层次开发，江苏在实际发展中侧重于利用丰富的滩涂资源发展沿海水产养殖业，又由于对环境因素不够重视，盲目引进企业，生产效益低下、环境破坏严重。

（二）海洋文化特色不鲜明，海洋文化驳杂难以统合

江苏处于中国南北交汇地带，受到多种文化的交互影响，从南至北可以大致分为吴文化、江淮文化、中原文化。江苏沿海是这三种文化的边缘地带，受地理、经济社会生活影响形成了海盐文化、江海文化等地方特色海洋文化。然而，无论是海盐文化还是江海文化，都只是一种亚文化，没有发展成与其他文化相抗衡的主流文化。

作为亚文化区，江苏海洋文化受到多元文化的影响，特质驳杂。三市中，连云港既受到中原文化、江淮文化影响，又受到齐鲁文化的辐射，海洋文化属性不够集中突出；盐城海盐文化明显浓厚，不过由于长期的经济生活联系，它与江淮文化密不可分，显现出明显的从属性；南通江海文化交织了海盐文化、江淮文化、吴文化、海派文化，最为驳杂。这种多元交融的状态固然可以丰富海洋文化的多样性，然而也必然会造成特色不够鲜明、难以统合的问题，对文化的管理者和企业在宣传推介地方文化上造成了困难。

（三）海洋文化品牌建设力度不够，没有充分发挥海洋历史文化资源的潜力

旅游文化一直是社会经济可持续发展的支柱性产业。20世纪90年代以来，江苏沿海根据本地特色打造了多种海洋旅游文化产业。这些旅游文化产业激发了来自长三角大批民众的观光旅游热情，同时也吸引了多地文旅商人投资洽谈合作，提升了江苏沿海的知名度和吸引力。然而，

在海洋文化品牌建设上，江苏沿海多停留在对自然资源的挖掘、海洋文化的实物展示、滨海公园的建造以及仿古商业街的打造等方面，没有深入挖掘具有本地特色的海洋历史文化资源，尤其是把海洋历史文化资源与当今的江苏沿海经济发展联系起来，使得游客对江苏沿海的深入体验感、获得感不足，缺少在全国范围内具有重大影响力的海洋文化品牌，①没有充分发挥江苏海洋历史文化资源的潜力。

在江苏旅游文化热度各项指标上，江苏沿海是海洋文化旅游的洼地。在民众对沿海城市的关注度方面，江苏沿海三地无一进入 20 强。不仅如此，南通、盐城两地旅游管理部门和旅游企业在微信等通信软件上，对城市海洋文化的推介度也不够，排名显示，南通位居第 43 名，盐城位居第 38 名，② 南通的搜索与微信旅游热度排名差值高达12 位，体现了南通在新媒介的宣传力度上明显不及民众对该地的关注度，城市的宣传力度需要大力跟进。在文旅集团品牌影响力（MBI）排名方面，南通、盐城、连云港本地文旅集团无一进入百强榜单。③

（四）文化机构偏少，科教人才尤其是能够弘扬海洋文化的人才数量有限

习近平总书记执政以来，在多重机遇的叠加下，江苏从上到下，沿海、沿江、非沿海沿江地区对海洋的认识均提升到新的高度，海洋创新发展的格局提升到新的层面，陆海统筹、江海联动进一步深化，“L”形海洋经济布局形成。同时，在中央的支持和指导下，江苏加快对海洋文化产业发展的规划与指导，先后出台《江苏省海洋功能区划（2011—2020 年）》《江苏省“十三五”海洋经济发展规划》《江苏省“十四五”海洋经济发展规划》等，每年出台包括海洋文化在内的统计公报，在各种因素的利好下，江苏海洋文化发展稳定向好，文化产业结构趋于合理，

---

① 在 2020 年 5A 级景区品牌 100 强和 2021 年中国节庆品牌 100 强中，江苏沿海无一品牌上榜，仅有连岛入选 2020 年海滨型景区品牌 50 强。

② 国民海洋意识发展指数课题组：《国民海洋意识发展指数报告（2017）》，海洋出版社，2019，第 98～101 页。

③ 《2021 年 9 月文旅集团品牌影响力 100 强榜单》，http://caijing.chinadaily.com.cn/a/202110/28/WS617a3848a3107be4979f53be.html，最后访问日期：2022 年 6 月 23 日。

但是包括三市在内，江苏仍缺乏明显的海洋中心城市。沿海城市吸引力不足，海洋教科研机构和人才多分布在南京、苏州、无锡等沿江发达城市，沿海分布较少。其具体情况如表 1 所示。

表 1　江苏沿海三市与苏南涉海高校（院系）、文化机构、从业人员情况比较

单位：个，人

地区	涉海高校（院系）	文化机构总数	人员总数	事业部分机构数	事业部分人员	企业部分机构数	企业部分人员
南通	南通大学（海洋学院）、江苏航运职业技术学院	2028	11654	178	2161	1850	9493
盐城	盐城工学院（海洋与生物工程学院）	2119	9877	209	2138	1910	7739
连云港	江苏海洋大学	1204	4979	141	1177	1063	3802
南京	南京大学（地理与海洋科学学院）、东南大学（交通学院）、河海大学（海洋学院、港口海岸与近海工程学院）、江苏海事职业技术学院、南京信息工程大学（海洋科学学院）、南京交通职业技术学院（运输管理学院）、中国人民解放军海军指挥学院	3911	45661	243	4505	3668	41156
无锡	无锡交通高等职业技术学校（船舶工程系）	2781	21932	204	2343	2577	19589
苏州		4282	49757	237	4165	4045	45592
常州		1982	19751	136	1742	1846	18009

资料来源：高校信息根据各高校官网信息整理；文化机构、从业人员等信息来自江苏省文化和旅游厅报告，见《2019 年度全省文化发展相关统计报表》，http://wlt.jiangsu.gov.cn/art/2020/12/18/art_48960_9746144.html，最后访问日期：2022 年 6 月 23 日。

三　提升江苏海洋文化影响力与发展文化产业的建议

发展海洋文化非常必要，恰逢其时，正得其势。面对江苏沿海上述问题，该如何发展江苏海洋文化呢？本文认为应该深入学习当前党中央对发展文化提出的指引方向，以发展海洋经济为基础，提升城市吸引力；充分发掘江苏海洋历史文化价值，推动江苏海洋历史文化创造性发展，使之能够与江苏海洋经济现实发展需要相适应；大力开展针对青少年的海洋文化普及教育工作，帮助青少年树立正确的海洋历史文化观；培养和发展能够增强当前民众体验感、获得感的现代海洋文化旅游产业。

（一）培育海洋经济基础，提升城市吸引力

经济是文化发展的基础，文化是经济的反映。发展海洋文化离不开海洋经济的推进与发展。经过多年发展，江苏海洋经济取得很大成绩，到 2021 年江苏海洋生产总值达 9248.3 亿元，其中沿海地区（南通、连云港、盐城）海洋生产总值为 4818.1 亿元，全省海洋生产总值占地区生产总值的比重为 7.9%。[①] 沿海三市围绕实际情况打造了各具特色的海洋发展工业园区，海洋交通运输业、海洋渔业、海洋船舶工业、海洋工程装备制造业等优势明显。不过，海洋经济还没有成为江苏经济发展中的主要驱动力，江苏海洋传统产业比重较高，海洋高新产业发展时间短暂，比重较低。包括沿海三市在内，江苏仍缺乏明显的海洋中心城市。为解决海洋经济的这些问题，应该在海洋强国和海洋强省战略指导下，继续推进重大工业基地由沿江向沿海转移；在南通、盐城、连云港现有海洋产业基础上，加大对海洋新兴工程装备集群、海洋生物制药、海水淡化、深海资源开采、海洋现代牧场等新兴产业的扶持力度；以长三角区域一体化发展战略为统领，持续高标准推进通州湾港口建设，打造江苏集装箱运输新出海口的样板工程；在经济实力有条件的地区，对照海洋中心城市各项指标，借鉴上海、青岛、宁波等城市优点，把争创海洋中心城市写入海洋经济发展远景规划，为海洋经济发展增势赋能，培育城市发展新动力，提升城市吸引力；建立南通、盐城、连云港合作机制，加大对污染企业和生活污水的管控力度，系统推进近海生物资源的保护和修复工程，走绿色、低碳、可持续发展道路。

---

① 《2021 年江苏省海洋经济统计公报》，http://zrzy.jiangsu.gov.cn/gtxxgk/nrglIndex.action?type=2&messageID=2c908254809b636f01809cc524e20001，最后访问日期：2022 年 6 月 25 日。

（二）大力深入挖掘江苏海洋历史文化价值，提高历史与现实之间的关联程度

从当前江苏沿海各地的博物馆展示中，我们不难发现，南通、盐城、连云港仍是片面展示本地的辉煌历史文化，没有深入挖掘江苏海洋历史文化价值。为改变这种状况，可以从以下方面进行探索。

1. 突破狭隘的地域宣传理论

理清本地海洋历史发展脉络，特别是海洋历史文化发展脉络与本地经济相关。江苏从北到南，海洋历史文化发展大致经历了东夷文化影响下的山海文化时期（先秦至两汉）—海盐文化时期（隋唐至明清）—江海文化时期（明清至今）。在这一海洋历史文化发展中，连云港、盐城的辉煌主要集中在古代，近代虽然没有发展出新的经济文化形态，但是长期的艰苦生存环境磨砺了本地民众生生不息、艰辛创业的品性，留下了沿河星罗棋布的盐业村镇，这些都为苏北地区红色革命根据地的开辟创造了内在条件。南通的辉煌集中在近代，主要是因为随着历史环境的变迁，南通借助临江达海的优势，由海盐经济发展为沿海棉纺商品经济，在近代伟人张謇实业救国时代浪潮的乘势推动下，南通留下了宝贵的不同经济形态的文化遗存和历史经验。在海洋历史文化挖掘中，应该把这些内在的历史文化形态串联起来，为今天的社会经济发展提供更深入的文化体验。

2. 从中华民族海洋发展史视角，挖掘江苏在世界海洋历史文化发展中的贡献

从古代海上丝绸之路到新航路开辟后的大航海时代，再到近现代中国国门的开放，江苏作为社会经济高度发达的地区之一扮演了不可或缺的角色。尽管江苏航海活动不甚发达，但是江苏为国际贸易交流提供了不可估量的物质精神财富及人力、财力与智力支持。在挖掘中，应该从古代到近代海洋历史文化发展中选取海上丝绸之路，唐代的中日文化交流，明代的郑和下西洋，大航海时代下的中国、美洲、欧洲三角贸易，清代的鸦片战争和甲午战争以及新中国成立后的改革开放等历史活动，强调江苏在关键人物、海盐棉纺、造船技术等方面发挥的作用。通过深入挖掘与集中展示，树立江苏的海洋文化自信。

（三）针对江苏民众海洋意识薄弱的现状，有侧重点地加大对青少年的宣传教育力度

针对青少年加大宣传教育力度主要方法如下。

1. 采取多种途径对广大思政教师开展航海史培训工作

一方面，在省交通厅或教育厅的统一领导组织下，遴选优秀专业教学名师进行线上直播或录制培训视频，组织各航海院校教师定时完成固定课时，并将其作为评优评奖条件之一。另一方面，以各航海院校为单位，开展形式多样的专家讲座、思政教师培训班、研讨座谈会等活动，增强航海历史观和对航海史知识讲授的把控能力。

2. 除了江苏本地航海文化外，学习海洋强国和海员革命史重要内容

海洋强国内容分为新中国成立后的陆强海弱国情及新中国的奋起直追、改革开放后向海洋大国的迈进和遗留问题、新时期的新突破和新进展三部分，特别重视中国海洋强国的发展脉络。海员革命史重点强调中国共产党在领导海员革命中发挥的核心领导作用，让青少年认识到中国共产党在海洋文化发展中的贡献，以及发展海洋事业不是一蹴而就的，需要一代又一代参与者的不懈奋斗。

3. 结合青少年不同阶段特征，选取海洋文化教育内容

对于高中及高校学生，发挥教师引导作用，主要培养学生思考海洋文化问题的能力；对于义务教育阶段学生，以教师讲授海洋人物、海洋事件为主，增强其对海洋历史文化的兴趣。

（四）培植发展现代海洋文化产业，增强特色海洋文化的体验感和获得感

江苏沿海三市应该在中央、全省海洋经济发展规划的基础上，制定适应本地发展需要的海洋经济发展规划或者海洋文化产业发展规划，通过多种途径吸引社会资本投入海洋文化产业领域。以各地文化宣传部门和高校为主阵地，增设海洋文化宣传研究岗位，在引进海洋文化优秀人才和培养本地海洋文化人才的基础上，增强对本地海洋文化的宣传研究能力，提高民众文化素质。

江苏沿海三市也可以结合本地条件，发展特色海洋文化旅游产业。连云港可以根据优越的自然条件，以连岛景区为中心，整合山海文化、西游文化、海盐文化，集中力量发展特色海岛旅游产业。盐城可以发挥

红色资源优势和湿地资源优势，以海盐文化村镇遗迹为纽带，采取多种方式让游客体验产盐、运盐、品盐。南通可以依托雄厚的工业经济实力，改善沿海生态环境，主办海洋体育活动，举办海洋产业博览会，营造浓厚的海洋文化发展氛围。

总之，新时代以来，重视文化建设的氛围已经形成，当前大力发展海洋文化正当其时，恰逢其势，尤为重要。我们应该深入研究江苏海洋文化存在的问题，在国家的号召与要求下，着重补齐制约江苏海洋文化发展的短板，培育海洋经济基础，大力深入挖掘江苏海洋历史文化价值，提高历史与现实之间的关联程度，树立海洋文化自信，有侧重点地加大对青少年的宣传教育力度，培植发展现代海洋文化产业，增强特色海洋文化的体验感和获得感，为江苏沿海经济发展和江苏经济高质量发展增势赋能。

Study on the Path to Enhance the Influence of Maritime Culture and Develop Maritime Culture Industry in Jiangsu Coastal Area

Wang Liubo[1], *Bao Yanjie*[2, 3]

(1. School of Marxism, Jiangsu Shipping College, Nantong, Jiangsu, 226010, P. R. China; 2. School of Sociology and Population Studies, Renmin University of China, Beijing, 100010, P. R. China; 3. School of Humanity and Social Sciences, Qingdao Agricultural University, Qingdao, Shandong, 266109, P. R. China)

Abstract: As the importance of the ocean has been widely recognized, especially after the strategy of "maritime power" was put forward, the study of Maritime culture has gradually become a hot topic. Culture is closely related to the trend of the state at the important historical juncture in China, which is the important strength of national survival and development. The coastal areas of Jiangsu should face up to the gap with the advanced cities in maritime culture construction such as *Shanghai, Qingdao, Ningbo,* etc. , based on the development of marine economy, enhance the attractiveness of the city, fully explore the historical and cultural value of *Jiangsu* marine, and promote the maritime culture of Jiangsu. Creative development of history and culture so that it can meet the actual development needs of *Jiangsu's* marine economy, and vigorously carry out the popularization of maritime culture education for young people, help young people establish a correct view of maritime history and culture, and cultivate a sense of gain that can satisfy the current public experience of the modern maritime cultural tourism industry.

Keywords: Cultural Power; Jianghuai Culture; River-and-sea Culture; Sea Salt Culture; Maritime Culture

（责任编辑：孙吉亭）

中国海洋文化产业反思及发展路径探析

鲁美妍*

摘　要　2020年以来，受新冠病毒感染疫情影响，中国海洋文化产业受到巨大冲击，以滨海旅游为主体的传统文化产业几乎陷入全面停滞状态，新兴业态的发展也经历阻碍和震荡，集中暴露出中国海洋文化产业中存在的产业结构不合理、地区发展不平衡、普遍缺乏文化支撑以及借鉴有余而创新不足等问题。但同时，疫情之下，中国海洋文化产业仍然显现出极强的发展韧性、活力和潜力。本文认为，疫情防控常态化时期，中国海洋文化产业发展应着力从加强文化与产业深度融合、科技赋智创意赋能、推动"互联网+海洋文化"产业模式以及优化人才结构和培育多元创作主体这四个方向寻求困境突围，实现中国海洋文化产业的转型升级。

关键词　海洋赛事　海洋文化产业　邮轮　滨海旅游　海洋会展

2020年初，受新冠病毒感染疫情影响，中国海洋文化产业发展受到前所未有的挑战，其中，作为海洋经济支柱性产业的滨海旅游所受冲击最大，由于主要依赖实体经济，滨海旅游、邮轮游艇、海洋赛事、海洋会展等一度处于停滞状态，这也直接造成2020年中国海洋文化产业经济

* 鲁美妍（1977～），女，文学博士，山东社会科学院山东省海洋经济文化研究院助理研究员，主要研究领域为中国现当代文学、海洋文化。

发展速度明显放缓。疫情已经持续 2 年多时间，给人们的日常生活、出行方式和消费观念都带来了深刻改变。这次疫情不仅是对国家组织能力、综合国力的一次大检验，更是对各个产业发展水平和可持续发展能力的一次大考验。疫情的发生是中国文化产业发展进程中的转折点，文化产业即将迎来颠覆性的改变，在此背景下，我们有必要重新思考疫情发生以来中国海洋文化产业所遭遇的困境以及未来发展路径。对于文化产业而言，疫情带来的不仅有挫败和打击，同时也蕴藏新的发展契机，本文将从中国海洋文化产业所具有的优势、发展现状等实际出发，探讨疫情发生以来海洋文化产业所受影响，反思存在的问题，探讨未来发展路径。

一　中国海洋文化产业的优势及发展现状

实际上，中国真正提出海洋文化产业概念并加大力度开发是近些年的事情。2005 年，张开城第一次明确了海洋文化产业的概念，即“海洋文化产业是指从事涉海文化产品生产和提供涉海文化服务的产业”。[①] 2012 年 9 月，国务院印发《全国海洋经济发展“十二五”规划》，将“海洋文化产业”单独列为一节，提出弘扬海洋文化，挖掘涉海历史文化和民俗文化，打造海洋文化品牌，积极培育以海洋为主题的演艺、展览、出版、动漫等文化创意产业。2014 年 8 月，文化部、财政部联合印发的《关于推动特色文化产业发展的指导意见》进一步提出，到 2020 年，应基本建成海洋特色鲜明、重点突出、布局合理、链条完整、效益显著的海洋文化产业发展格局，形成若干在全国有重要影响力的海洋文化产业带，建设一批典型的、带动作用明显的海洋文化产业示范区（乡镇）和示范基地，培育一大批充满活力的海洋文化市场主体，形成一批具有核心竞争力的海洋文化企业、产品和品牌。从国家统计局发布的《文化及相关产业分类（2018）》来看，海洋文化产业并不是一个独立的文化产业门类，而是一个综合了海洋相关主题的文化产品和文化相关产品的生产活动的集合。从这个意义上来看，中国海洋文化产业是“海洋 + 文化”的产业形态，“海洋文化产业是以海洋文化资源为原料，以

① 张开城：《文化产业和海洋文化产业》，《科学新闻》2005 年第 24 期，转引自张开城《海洋文化和海洋文化产业研究述论》，《全国商情（理论研究）》2010 年第 16 期。

市场需求为动力，运用创新手段转化为群众所喜爱的涉海文化产品和文化服务的特色文化产业”①。中国海洋文化产业主要包括六种构成类型，即海洋文化和民俗业、海洋工艺品业、海洋艺术业、海洋文化会展业、滨海休闲旅游业、滨海健康养生业。

2017 年，国家发改委在《服务业创新发展大纲（2017—2025 年）》中提出，积极发展海洋文化产业。同年，国家发改委和国家海洋局联合印发《全国海洋经济发展“十三五”规划》，提出挖掘具有地域特色的海洋文化，发展海洋文化创意产业；规范建设一批海洋特色文化产业平台，支持海洋特色文化企业和重点项目发展；依托相关地域海洋传统文化资源，重点推进“21 世纪海上丝绸之路”海洋特色文化产业带建设。通过对产业的调整和升级，以海洋资源为核心的中国海洋经济进入快速发展时期，与此同时，中国海洋文化产业也得到迅猛发展。到目前为止，中国海洋文化产业已经呈现传统文化产业门类齐全、新业态不断涌现的格局，成为继海洋现代渔业、海洋装备制造业、海洋交通运输业之后中国海洋经济新的支柱性产业。

从自然条件来看，中国“拥有包括渤海、黄海、东海、南海等诸多内海和领海，18000 千米大陆海岸线，7300 多个面积大于 500 平方米的岛屿，300 多万平方千米的管辖海域”②。由南到北从亚热带到寒带，横跨 22 个纬度带，移步异景，气象万千。中国海岸带资源极为丰富，无论是自然景观还是气候条件都丰富多样，具有发展海洋文化产业绝佳的自然条件。从历史文化的角度来看，中国海洋文化历史悠久，人文资源底蕴丰厚、独具特色且多姿多彩。考古记载，史前文明中就已经发现大量海洋文明遗迹。新石器时代，人类足迹已经遍布沿海各地。《诗经·商颂》有言，“相土烈烈，海外有截”，意为商王威风远播海外。殷墟出土的文物中有大量与海洋有关的甲骨文以及太平洋、印度洋的龟甲、贝壳等，这些都显示了中国远古时代海洋文明的曙光。自汉代就有“海上丝绸之路”，通过海上交通使中华文明远播海外，并实现了中华文明与印度文明、阿拉伯文明、罗马文明的沟通和交流。中国海洋文化绵延数千年发展至今，其资源积淀之深厚、广博，与农耕文明互为补充，不断提

---

① 刘家沂主编《海洋文化产业分类及相关指标研究》，中国海洋大学出版社，2016，第 50 页。

② 曲金良等：《中国海洋文化基础理论研究》，海洋出版社，2014，第 43 页。

升和发展，已经成为世界文化的重要组成部分。如今，海洋文化产业依然是近年来中国文化产业中发展极为迅猛的一支新军，已经成为极具可持续发展潜力和良好发展前景的朝阳产业，是中国新的经济增长点。根据国家海洋信息中心统计，中国海洋生产总值占国内生产总值比重连续十多年保持在 9% 以上，其中滨海旅游业、涉海休闲渔业、涉海会展业等海洋文化产业发展规模持续扩大，在海洋产业增加值中的比重连年上升。根据中国海洋信息网的数据，截至 2019 年，滨海旅游业作为海洋经济发展的支柱产业，其增加值占主要海洋产业增加值的比重为 50.6%。① 中国现代海洋文化产业之所以能够在短时间内迅速发展起来，首先得益于中国传统海洋文化历史积淀和得天独厚的自然条件。

到目前为止，中国海洋文化产业持续增长，发展潜力巨大。尽管中国海洋文化产业发展晚于欧美国家，但经过近年来的持续开发建设，以及经济全球化的推动，中国海洋文化产业得到快速发展。在传统海洋文化产业门类之外，更是开发了滨海休闲业、滨海体验业、滨海养生业、滨海商务旅游业、滨海节庆会展业、滨海演艺业、数字动漫业以及滨海游艇业这八类现代海洋文化产业新业态，都有良好的发展势头。截至 2022 年，除港澳台和三沙市，中国拥有 54 个滨海城市，在沿海开发了 300 多处海洋与海岛旅游娱乐区，兴建了各类旅游娱乐设施，业已形成环渤海滨海旅游区、长江三角洲滨海旅游区、泛珠江三角洲滨海旅游区等大规模滨海旅游集群。同时，中国沿海区域涉海节庆数量庞大，内容丰富，包含物产类、自然景观类、历史文化类、生产经营类、休闲娱乐类等多种涉海节庆，对塑造滨海旅游品牌、传播区域文化、树立区域形象、带动沿海经济发展发挥了重要作用，是中国现代特色文化发展与成熟的典范。“作为海洋产业中的‘新兴业态’，海洋文化产业以海洋文化为底蕴和精髓，不仅体现了中国创新、协调、绿色、开放、共享的新发展理念，还饱含了生态文明建设内涵和‘四海一家、协和万邦、天下大同’的和平政治理念，不断地用中国的‘海洋文化语言’向世界讲述‘中国故事’，担负起中国海洋价值观念传承、弘扬和强化的使命，为中国海洋事业的发展起到软实力推进作用，也为实现海洋经济新旧动能转

① 《2019 年中国海洋经济统计公报》，http://www.nmdis.org.cn/hygb/zghyjjtjgb/2019hyjjtjgb/，最后访问日期：2022 年 7 月 5 日。

换和海洋强国建设提供了思想保证、精神力量和道德滋养。”①

二　疫情对中国海洋文化产业的深刻影响

新冠病毒感染疫情传播范围广，传播速度快，造成的影响深刻，给各个产业都带来了史无前例的巨大冲击。这场疫情改变了全球性的短期经济增长轨迹，导致全球范围的涉海产业均受到巨大负面影响，尤其是以滨海旅游为代表的传统海洋文化产业首当其冲，但与此同时，疫情也加快了海洋文化产业数字化发展的步伐。总体来看，疫情对中国海洋文化产业的影响可以归纳为以下三个方面。

（一）传统海洋文化产业发展遭受重创

目前，中国海洋文化产业仍然以滨海旅游业为主，这是中国乃至全世界滨海国家和地区的传统优势产业。但由于疫情，全球旅游业遭受重创，以国内滨海旅游业为例，疫情前后对比鲜明。2019 年，滨海旅游业持续较快增长，实现增加值 18086 亿元，比上年增长 9.3%，领跑海洋经济。② 但到 2020 年，仅春节期间疫情直接导致国内旅游业损失约 5000 亿元，滨海旅游业生产总值为 13924 亿元，远低于疫情前，甚至一度陷入停滞状态（见图 1）。2021 年，国内旅游业虽然开始缓慢复苏，但根据文旅部《2021 年第三季度全国旅行社统计调查报告》数据，2021 年第三季度全国旅行社国内旅游组织 1655.37 万人次、4621.12 万人天，接待 2197.90 万人次、5037.12 万人天，游客组织量同比减少近 70%，滨海旅游业绩更是一落千丈。2020 年，滨海旅游业增加值比上年下降 24.5%，直接导致海洋经济生产总值的大幅度降低。值得一提的是，近年来，中国涉海从业人员数量逐年递增，以年均 1.86% 的趋势增加，2001 年涉海就业人员总数为 2107.6 万人③，到

① 孙吉亭：《发展海洋文化产业推动海洋经济新旧动能转换的路径选择》，《中国文化论衡》2018 年第 2 期。

② 《2019 年中国海洋经济统计公报》，http://www.nmdis.org.cn/hygb/zghyjjtjgb/2019hyjjtjgb/，最后访问日期：2022 年 7 月 5 日。

③ 周洪军：《全国涉海就业情况调查与分析》，硕士学位论文，天津大学，2005，第 14 页。

2018 年已达到 3684 万人①。

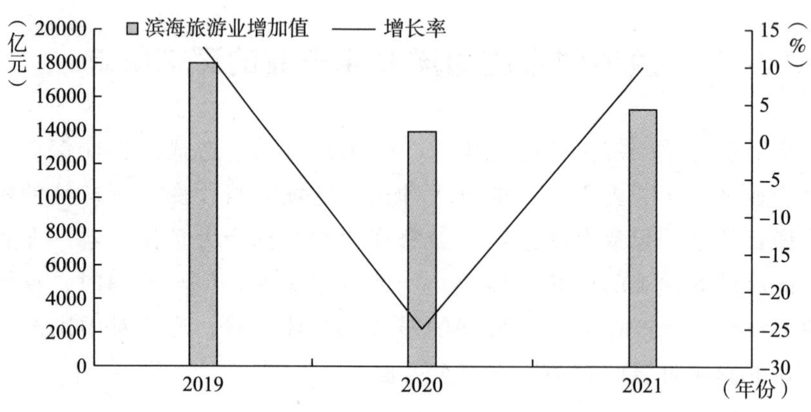

图 1　2019～2021 年中国滨海旅游业增加值统计

资料来源：历年《中国海洋经济统计公报》。

滨海旅游业的行业低迷带来一系列连锁反应，包括涉海产品及制造业、涉海服务业等行业都受到极大程度的损失，且这些影响和损失具有持续性和叠加性，给整个海洋文化产业带来巨大的冲击。滨海节庆会展业、电影、博物馆、滨海演艺业等需要人员聚集的产业一律停止，酒店、零售、餐饮、景区以及交通运输等服务行业更是无一幸免。传统海洋文化产业受到疫情的巨大冲击是由产业特征决定的，旅游业本身主要依赖实体经济，是劳动密集型服务产业。旅游业本身具有脆弱性特征，其发展经营容易受到多种因素的影响和严重冲击，例如经济环境、社会环境、自然环境和政治环境等外部环境，一旦出现某种重大突发状况，旅游业会受到不同程度的冲击。尤其这一次新冠病毒感染疫情持续时间久，而且病毒不断发生变异，依据世卫组织数据，截至 2022 年 7 月 10 日，全球累计确诊超过 6 亿人，累计造成超过 600 多万人死亡。② 这是全球旅游史上最严重的灾难，对中国乃至世界旅游业的打击是无法估量的。

① 《2018 年我国海洋经济总量突破 8 万亿大关》，https://www.mnr.gov.cn/dt/ywbb/201909/t20190922_2468586.html，最后访问日期：2022 年 7 月 10 日。

② WHO Coronavirus（COVID－19）Dashboard，https://covid19.who.int/，最后访问日期：2022 年 7 月 10 日。

（二）新兴滨海休闲文化产业的发展经历震荡

近年来，滨海休闲业、滨海体验业、滨海养生业、滨海商务旅游业、滨海节庆会展业、滨海游艇业等新兴海洋文化产业迅速崛起，为中国海洋旅游业注入新的活力。这一时期也是中国休闲文化产业发展最快的阶段，“进入 21 世纪，从世界范围看，不同国家和地区在不同层面所形成的休闲化进程已汇聚成为全球新的发展趋势”①。虽然 2008 年中国人均 GDP 已经超过 3000 美元的发展水平，但总体上仍处于中低发展阶段，在区域结构上，经济发展高度不平衡，属于中国的“休闲时代”尚未真正到来。直至 2016 年，中共中央、国务院印发《“健康中国 2030”规划纲要》，明确指出要“积极发展健身休闲产业”。2016 年 10 月，国务院又发布《关于加快发展健身休闲产业的指导意见》，指出到 2025 年，基本形成布局合理、功能完善、门类齐全的健身休闲产业发展格局，中国健身休闲产业总规模达到 3 万亿元。随着中国经济的快速发展，2020 年中国取得脱贫攻坚的重大胜利，人民生活物质保障持续改善，属于中国的“休闲时代”终于到来。至此，中国旅游产业开启全新发展阶段，即“休闲主导时期”，这些都大力助推了中国海洋文化新业态的腾飞。

以休闲渔业为例，根据历年《中国渔业统计年鉴》，自 2003 年有休闲渔业统计数据以来，中国休闲渔业产值及其占渔业经济总产值的比重呈总体上升趋势，年均增长率为 20.63%，近年来增速明显加快，2019 年休闲渔业产值达 943.18 亿元。从接待游客的数量来看，休闲渔业活动的接待人次逐年增长，从 2017 年的 2.20 亿人次增长至 2019 年的 2.74 亿人次（见表 1）。中国休闲渔业的主要形态包括运动竞技、文化体验、餐饮、旅游观光、展示观赏等，其中钓鱼、帆船比赛、渔家民俗、渔业活动、渔业节庆、海底观光、水族馆、渔业博览会馆、渔业博物馆等诸多项目在疫情之前颇受群众欢迎。休闲渔业经营主体于 2017 ~ 2019 年持续增加，由 11.02 万个增长到 13.41 万个，同时从业人员也从 68.29 万人增长到 83.36 万人。这些数据表明，休闲渔业作为中国极具潜力的新兴产业，疫情之前正处于不断扩张和高速发展阶段。然而，2020 年在疫情

---

① 楼嘉军、徐爱萍：《试论休闲时代发展阶段及特点》，《旅游科学》2009 年第 1 期。

冲击下，休闲渔业经历了巨大的震荡，总产值为 780.57 亿元，同比下降 17.2%；休闲渔业活动接待人次也降到 2.25 亿人次，同比下降 17.9%。由于休闲渔业的客户群体主要来自省外，所以疫情对长途旅游产生了巨大影响，沿海休闲渔业产值大幅下降。同时休闲渔业的从业人员和经营主体也都有所减少，分别减少 9.91 万人和 0.57 万个。与此同时，其他海洋文化新业态也经历了同样的震荡，例如中国邮轮业，到 2022 年已经发展 15 年，2016 年中国邮轮游客量突破 200 万人次，成为世界第二大邮轮市场，但自疫情发生以来，中国邮轮业已经停航 2 年。虽然经历此次危机邮轮市场有所波折，但疫情之后中国巨大的邮轮市场仍然值得期待。

表 1　2017～2020 年休闲渔业的经营统计

年份	休闲渔业经营主体（万个）	从业人员（万人）	接待游客人次（亿人次）	休闲渔业总产值（亿元）
2017	11.02	68.29	2.20	764.41
2018	12.39	80.49	2.59	839.53
2019	13.41	83.36	2.74	943.18
2020	12.84	73.45	2.25	780.57

资料来源：《中国休闲渔业发展监测报告（2020）》。

（三）数字化进程加速，文化产业的科技大潮正在到来

2020 年 9 月 24 日，中国经济学家朱民在外滩大会上表示，“疫情把数字化推进了至少十年，科技的大潮正在到来”。[①] 复旦大学经济学院院长张军也撰文指出，“疫情发生以来，数字经济的应用场景乘势走进中国人的生活，势不可挡。……疫情虽让中国经济付出代价，但经济向数字化转型的进程得以意外提速”。[②] 中国数字化的发展已经渗透到人们的衣食住行各个层面，也给中国海洋文化产业带来新的生机和发展方向，如平台主播、视频制作、游戏开发、云展览、云旅游等。根据中国信息

① 《朱民：疫情把数字化推进至少十年　科技的大潮正在到来》，https://finance.sina.com.cn/money/bank/bank_hydt/2020-09-24/doc-iivhuipp6156853.shtml，最后访问日期：2022 年 7 月 5 日。

② 《张军：疫情让中国数字化转型意外提速！》，https://www.163.com/money/article/FM8AE9J400258J1R.html，最后访问日期：2022 年 7 月 5 日。

通信研究院的数据，2018 年中国数字经济领域的就业岗位有 1.91 亿个，占当年总就业岗位的 1/4。《中国互联网发展报告（2021）》显示，2020 年中国数字经济规模已经达到 39.2 万亿元，占 GDP 的比重为 38.6%，增速明显。

2017 年，文化部出台《关于推动数字文化产业创新发展的指导意见》，这是国家层面对数字文化产业发展的指导性政策文件。2021 年，国务院正式发布《“十四五”数字经济发展规划》，明确了“十四五”时期推动数字经济健康发展的 5 项重要内容，提出要通过数字化促进公共服务更加普惠均等，要促进社会服务和数字平台深度融合，探索多领域跨界合作，推动文旅融合等多领域、跨行业深度合作。2020 年以来，大部分涉海文化活动陷入停滞状态，但是有一部分依托数字信息产业支持的线上海洋文化产业迅速发展，如线上海洋知识科普讲座、线上海洋馆、线上海洋夏令营、线上海洋博览会等。2021 年 8 月 3 日，在全球数字经济大会数字新国门（大兴）分会场之“数字内容与数字文创论坛”上，魏鹏举在以“数字经济助推文化产业高质量发展”为题的演讲中指出，“每次技术的进步和迭代都使文化产业不断丰富和进步”，全球文化产业经历了从机械化、电气化、电子化到数字化的发展进程，“如今，我们迈入全新数字时代，数字经济模式也成为全球文化产业发展的基本模式”。中国海洋文化产业与数字科技的深度融合已势在必行。

三 疫情下中国海洋文化产业发展存在的问题

近年来，中国海洋文化产业的产值总量和规模不断扩大，已经成为海洋经济的支柱产业，在突如其来的疫情之下，海洋文化产业的产值急剧下降，除了制约海洋文化产业发展的自然因素和不可抗力的原因之外，也暴露出海洋文化产业结构自身存在的一些问题。

（一）产业结构不合理

中国海洋文化产业仍然以传统产业为主，新兴业态发展尚不充分，传统产业的弊端在此次疫情持续的过程中暴露无遗。《中国海洋文化基础理论研究》把海洋文化产业归纳为 10 个门类，即海洋旅游业、海洋休闲渔业、海洋节会业、海洋博览会、海洋民俗业、海洋工艺品业、海洋咨询业、海洋传媒业、海洋演艺业、海洋体育竞技业。[①] 中国从单纯地提倡海洋文化到大力发展海洋文化产业，在短时间内实现了产业经济的快速增长。与此同时，传统海洋文化产业的弊端也逐渐显露，例如对海洋环境的破坏、低端海洋文旅产品对海洋资源产生巨大浪费以及企业之间的无序竞争等。

近年来由于滨海旅游对海洋资源的过度开发，滨海旅游区兴建大量酒店、餐厅等公共设施，产生大量垃圾和污水，甚至许多地方为了减少垃圾清运和污水处理成本，直接将污水和垃圾排入海洋，对海水水质和海洋生物物种造成极大的污染和破坏。虽然党的十八大以来，全国近岸海域环境质量总体改善，2019 年近岸海域优良水质面积比例为 76.6%[②]，但是海洋生态失衡问题仍然十分严重，海洋生态环境仍然处于“超载”状态，例如近年来频发的“赤潮”现象就是典型的污染带来的恶果。

另外，低端海洋文旅产品的持续开发也给海洋资源带来极大浪费和损耗，在海洋产业经济刺激下对海产品的过度捕捞导致一些海洋生物濒临灭绝，造成资源枯竭。各地滨海旅游区的酒店、餐厅、海洋娱乐设施等不断向海上延伸，侵占海洋空间，不断削弱海岸抗灾能力。中国从 20 世纪五六十年代开始围填海活动，到 20 世纪末，填海造地面积达到 1.2 万平方公里。大规模填海造地对周边生态环境产生不利影响，例如大连香炉礁海域自改革开放以来就开始不断填海造地，海域环境遭到破坏，水体交换能力减弱。2019 年 7 月，大连香炉礁海域首次发生赤潮，持续 3 天。依据权威部门发布的数据，“十一五”期间，沿海各省份已经完成和计划实施的围填海面积达 5000 平方公里。[③] 2017 年，国家海洋局对沿海 11 个省（区、市）开展了围填海专项督查，曝光了不少地方脱离实际需求盲目填海，填而未用、长期空置，改变围填海用途，用于房地产开发，浪费海洋资源，破坏生态环境的突出问题。2018 年初，中国出台

① 曲金良等：《中国海洋文化基础理论研究》，海洋出版社，2014，第 391 页。

② 《2019 年中国海洋生态环境状况公报》，https://www.mee.gov.cn/hjzl/sthjzk/jagb/202006/P020200603371117871012.pdf，最后访问日期：2022 年 7 月 5 日。

③ 《中国十一五期间填海 5 千平方公里 1 年填出 1 个香港》，http://mil.news.sina.com.cn/2014-10-31/0926808539.html，最后访问日期：2022 年 7 月 5 日。

“史上最严围填海管控措施”，提出“今后，一律不再审批非涉及国计民生的建设项目填海”，目前中国围填海问题已经得到有效控制。

此外，企业之间的无序竞争已经成为滨海旅游业中的常态。由于传统的滨海旅游市场已经趋于饱和，旅游公司之间竞争激烈，为了吸引游客，一些旅游公司不惜以压低价格、降低服务标准、强制购物等手段扰乱市场，对滨海旅游行业造成极恶劣的影响。在此次疫情之下，主要依赖实体经济的文化旅游产业所受冲击最大，导致许多中小型文旅企业难以为继，面临倒闭的危机。以滨海旅游为主体的海洋文化产业更不必说，充分显现了传统海洋文化产业在对抗突发性事件时的窘境。疫情使大众的消费习惯、思维以及生活方式都发生了深刻改变，以往完全依赖实体经济和现实客流量的传统文旅产业模式很难在瞬息万变的世界经济格局中立于不败之地，同时也已经不能适应消费者的新需求。“互联网 + 文化”新业态成为疫情之下文化产业发展中的一匹“黑马”，根据国家统计局公布的数据，2019 ~ 2020 年该业态保持了较高增长率，如 2020 年广播电视集成播控、互联网搜索服务、互联网其他信息服务、其他文化数字内容服务、互联网广告服务、娱乐用智能无人飞行器制造以及可穿戴智能文化设备制造等新业态特征明显的 16 个行业小类的营业收入为 31425 亿元，比 2019 年增长 22%。很显然，较传统文化业态而言，新业态在抵御突发性事件方面更具优势和韧性。海洋文化产业理应加强新业态的发展，这也有利于中国海洋生态环境的涵养与保护。2022 年初，生态环境部、国家发展改革委、自然资源部、交通运输部、农业农村部、中国海警局联合印发《“十四五”海洋生态环境保护规划》，提出以海洋生态环境持续改善为核心，聚焦建设美丽海湾的主线，统筹污染治理。调整海洋文化产业结构，打造可持续滨海旅游资源，保护海洋环境，是当前中国重要的任务。

（二）地区发展不平衡

尽管近年来中国海洋文化新业态发展势头强劲，在特色创新、集群化以及生态化等方面都有不俗表现，但始终存在地区发展不平衡的问题，且差距越来越大。海洋文化新业态往往需要利用特色资源进行开发，具有投资成本高、建设时间长、服务要求高、回报周期长等特征，因此在发展中难免受制于地方经济环境和发展理念。依据国家统计局数据分区域看，2021 年中国东部地区文化产业实现营业收入 90429 亿元，占中国文化产业营业总收入的 75.95%，远超其他地区，处于国内领先位置；中部地区文化产业营业收入为 17036 亿元，占文化产业营业总收入的 14.31%，西部地区文化产业实现营业收入 10557 亿元，占文化产业营业总收入的 8.87%；东北地区文化产业营业收入为 1042 亿元，仅占文化产业营业总收入的 0.88%。① 东北地区文化产业营业收入已经连续多年出现负增长，其中海洋文化产业营业收入与其他地区之间也存在巨大差距。从消费角度来看，2013 年以来，东三省城镇居民文化娱乐消费支出低于全国平均水平，且增长乏力。东部地区文化产业的实力毋庸置疑，但这种地区间产业营业收入的极度不平衡也导致东北地区大量人才外流，加剧了地域文化产业的衰败。东北地区的海洋文化产业集中在辽宁，然而这些年的发展却不如人意，从数据上来看，远远落后于其他沿海省份。辽宁有大连、营口、锦州、丹东、盘锦、葫芦岛 6 个沿海城市，地处东北地区南部，南临黄海、渤海，东与朝鲜隔江相望，与日本、韩国隔海毗邻，是东北地区唯一既沿海又沿边的省份，拥有大陆海岸线 2110 公里，是中国对接东北亚、连通欧亚大陆桥的前沿地带和北方地区最重要的开放门户。同时，辽宁沿海城市交通也具有明显优势，大都居于国内交通要道，陆海空立体交通基础设施完备，交通网四通八达，这些地缘优势具有极大的发展潜力，但从目前来看，除了大连一直在海洋经济和文化方面一枝独秀外，其他城市的发展并不如人意。其主要问题在于集群规模小、集群效应差，低端产业比重较大、新兴产业发展薄弱等，尤其在海洋文化产业方面，除了大连以外，其他 5 个沿海城市整体新业态发展比较薄弱，更多依赖传统低端同质化产业。这些沿海城市在海洋文化发展过程中无论是产品开发还是资源配置都缺乏涉海文旅龙头企业进行统筹规划、统一开发、合理布局，大都是小型文旅企业各自为政、孤立发展，以粗放型、无序竞争的滨海旅游为支柱产业，对旅游业以外的海洋历史文化资源、民俗资源开发利用较少，更缺乏基于文化意识的精细文化产业运作理念。这些城市的海洋文化产品形式单一，地域特色不鲜明，无论是从规模还是集群效应来看，都无法形成与大连之间的强强

① 《2021 年全国规模以上文化及相关产业企业营业收入增长 16.0%，两年平均增长 8.9%》，http://www.stats.gov.cn/xxgk/sjfb/zxfb2020/202202/t20220208_1827252.html，最后访问日期：2022 年 7 月 6 日。

联合。可见，除了地区间发展不平衡之外，每一个区域内部的发展也不平衡。

（三）普遍缺乏文化支撑

目前中国海洋文化产业主要从海洋经济角度思考和规划，极少从海洋文化的层面进行布局。文化增长是社会发展的根本性增长。实际上，无论哪一种文化产业，文化才是根本动力和内在支撑，海洋文化产业也不例外，然而在文化产业中却普遍存在一种现象，即缺乏文化的内核，只一味追求经济效益，从而导致许多所谓的文化产品在审美品格、文化意涵以及满足人们情感需要方面大打折扣、空洞苍白，因此也只能是昙花一现，很快就被超越和淘汰。更多时候，海洋文化产业建设常常陷入移植、照搬的怪圈，无论适合不适合，只要发现有利可图，马上照搬，却忽视对本土文化资源的有效开发与创新性转化。因此，我们从各地海洋文化产业中只看到千景一面的尴尬，到处都是一样的风景、一样的设施、一样的运作模式，缺乏基于文化自觉意识精心打造的文化产品。

中国拥有五千年的历史，中国人创造了璀璨多姿的海洋文明，从远古时代直到今天，海洋文明的血脉从未断绝，不同地域、不同民族都形成了自己独特的海洋文明形态，留下了大量海洋文明遗迹、历史传说和文化习俗，这些都是珍贵的海洋文化遗产，是当今海洋文化产业得以依存的文化基石。与其他较早开始发展海洋文化产业的国家相比，中国海洋文化产业起步晚，因此，运行机制还不够完善。尽管以滨海旅游业为主体的海洋文化产业在疫情前一度成为海洋经济的支柱产业，但从文化与产业相融这一角度来看，高附加值、高文化含量的特色文旅产品仍十分稀缺，在国际上的文化影响力不强。中国各类海洋文化产业的人才严重匮乏。海洋文化产业的转型升级需要一批兼具海洋、文化、经济三方面专业知识的高端人才，能够有效进行文化产业的行政管理、企业经营以及服务于各类海洋文化产业。海洋文化产业是知识密集型产业，“通过大力发展文化产业提高知识密集型产业在中国整个经济结构中的比重，可以实现经济增长方式的战略性转变”。① 文化产业与其他物质产业的本质区别就是其具有精神属性，海洋文化产业需要为消费者提供满足精神

① 胡惠林：《文化产业学（第2版）》，清华大学出版社，2015，第36页。

层面需求的产品，也正需要现代人把海洋文化和产业融合在一起。“民族的才是世界的”，这句话在今天的文化产业领域依然是一条铁律，中国海洋文化产业必须以强大的民族文化和精神内核为支撑，才能真正在国际海洋文化产业竞争中立于不败之地，才能让“中国作风”“中国气派”走向世界，发挥中国应有的文化影响力。

（四）借鉴有余而创新不足

疫情发生以来，传统文化产业备受打击，这既是文化产业本身所具有的脆弱性特征使然，同时也暴露出文化产业创新力不足，无法应对突发性事件以及运营环境的突然改变。“总体而言，中国文化产业还在一种‘表面繁荣、内在虚弱’的初级发展阶段。”① 与欧美、日本等发达国家相比，中国海洋文化产业起步较晚，不管是在制度设计还是实际运作方面，中国与发达国家之间仍然存在一定的差距。因此，中国海洋文化产业从发展伊始就存在两种现象。一种是积极借鉴英国、美国、日本等国家的海洋文化产业发展模式，几乎完全照搬，缺乏基于实践经验的本土化探索和创新，这也直接导致中国海洋休闲渔业在实践过程中在规划、管理、从业人员培养以及环境保护等方面仍存在诸多问题，可见，直接照搬和移植国外做法容易出现“水土不服”。因此对国外的先进经验，我们也需要采取“拿来主义”的办法，结合中国具体国情、人文历史、文化风俗、消费需求等诸多因素，创造一种适合中国本土发展的特色产业模式。另一种则是目光短浅，恪守陈规，执着于原有的粗放型低端文化产业的持续运作和开发，甚至对传统文化产业的弊端视而不见。从疫情发生以来中国海洋文化产业的发展情况来看，中国海洋文化产业大都缺乏与其他产业的深度融合，在数字、云端、智能化等方面与其他产业相差甚远，且文化产品千篇一律，缺乏个性和特色，这些传统海洋文化产业显然已经不能满足中国推动高质量发展和可持续发展以及提高发展竞争力的要求。

英国学者约翰·霍金斯（John Howkins）认为，现代文化产业是“文化创意产业”，其中创意是关键。2019 年，河南省博物院推出的文创

① 肖怀德：《中国文化产业：“表面繁荣、内在虚弱”，如何破局?》《文化产业评论》2018 年第 12 期。

产品考古盲盒受到年轻人的热捧，把时下流行的盲盒与文物相结合，将青铜器、元宝、铜佛、铜鉴、银牌等微缩仿制文物藏进土中，配备简易的考古工具，让玩家在动手挖掘的过程中，亲身感受考古的乐趣和成就感，还能够获得考古相关文化知识，实现了文化传承和消费升级。与之相对比，海洋文化产品的设计与开发则逊色不少，少有这类既能够展现中华民族传统文化特色，又紧跟时代风尚的创意产品。疫情之下，人们出行习惯、休闲方式以及文化心态都发生改变，对文化产品有新的要求。互联网成为居家隔离时休闲娱乐最重要的手段，线上旅游产品满足了人们在疫情防控常态化期间无法出行的视听需求，以自驾、短途、精致、亲子等为关键词的文旅产品受到热捧。2021 年，文化和旅游部发布《“十四五”文化产业发展规划》，明确提出推进文化产业创新发展。坚持以创新驱动文化产业发展，落实文化产业数字化战略，促进文化产业“上云用数赋智”，推进线上线下融合，推动文化产业全面转型升级，提高文化产业质量效益和核心竞争力。加快发展新型文化业态，改造提升传统文化业态，加强文化科技创新和应用，构建创新发展生态体系。党的十八大以来，文化产业已经上升到国家战略高度。中国已经步入高质量发展时期，文化产业更需要持久创新，坚持可持续发展，我们要全面加快升级海洋文化产品质量和服务水平，为中国海洋经济高质量发展提供持久动力和智力支持。

四　中国海洋文化产业发展路径探析

疫情既暴露出中国海洋文化产业存在的问题和发展短板，也充分展现出中国海洋文化产业所具有的三个重要特质，即潜力、活力与韧性。

从 2007 ~ 2017 年各主要海洋产业增加值的增长速度和波动情况来看，中国滨海旅游属于快速增长型产业，年均增速为 16.27%。从文化和旅游部发布的数据来看，中国旅游产业发展虽然经历了 2020 ~ 2022 年的疫情干扰和波动，但总体发展趋势向上、向好。统计表明，当人均 GDP 为 200 美元时，人们开始有旅游的需求；当人均 GDP 达到 2000 美元时，人们的旅游需求集中快速释放；当人均 GDP 达到 3000 美元时，旅游需求开始向休闲度假跨越。中国休闲旅游的潜在市场巨大，随着疫情得到有效控制，经济复苏，中国海洋文化产业还将释放出巨大发展潜力。

海洋文化热潮方兴未艾，新业态发展活力日益凸显。自党中央提出建设海洋强国战略以来，学校海洋教育迅速发展，海洋文明、海洋生态环境、海洋可持续发展等问题都受到普遍关注。疫情之下，人们对旅游的需求从原来的观光、度假、购物等转化为对身心健康和生命体验的需求，中国医疗康养旅游产业正迎来新的发展契机。如图 2 所示，2021 年，国内旅游人数为 32.5 亿人次，比 2020 年增长 12.8%，涉海旅游也在防疫可控的情况下得到迅速恢复。虽然经历疫情的严峻考验，中国海洋文化产业依然展现出强大的韧性。习近平总书记指出，“在疫情冲击下全球产业链供应链发生局部断裂，直接影响到中国国内经济循环。……大进大出的环境条件已经变化，必须根据新的形势提出引领发展的新思路”①。疫情防控常态化时期，文化产业正面临全面重启，中国海洋文化产业也必将迎来新的发展阶段，本文认为，应从以下四个方面展开思考。

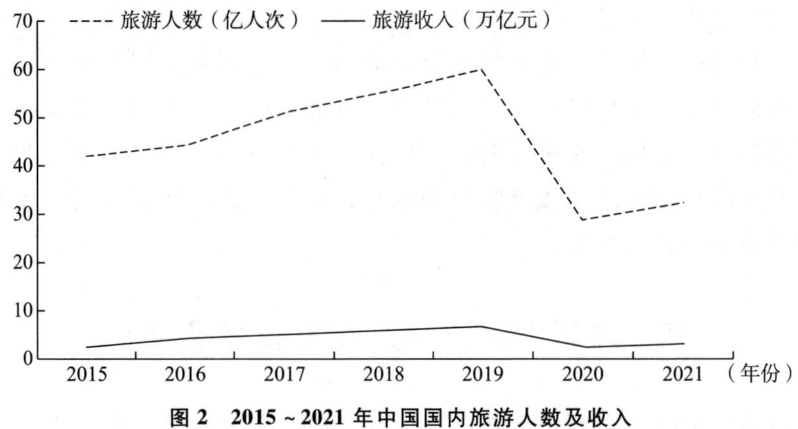

图 2　2015～2021 年中国国内旅游人数及收入

资料来源：文化和旅游部。

（一）加强文化与产业深度融合，把资源优势转化为产业优势

文化产业的核心是文化，文化产业是文化传承发展的重要支撑，高度发达的文化产业是国家软实力的体现。中国海洋文化产业不仅是中国海洋经济发展的重要引擎，更是中国海洋文化建设的重要载体，是中国

① 习近平：《把握新发展阶段，贯彻新发展理念，构建新发展格局》，《求是》2021 年第 9 期。

海洋文化自信的重要体现，是对外交流的一张名片。中国海洋文化历史悠久、资源丰富，但在产业转化方面还远远不够。这也导致中国海洋文化产业发展可持续性不强、后劲不足，海洋文化在国际上的影响力远远落后于欧美和日韩等海洋国家。要将海洋文化资源转化为产业优势，必须加强文化与产业的深度融合，即文化产业化和产业文化化。

第一，应继续加大力度挖掘中国的海洋文化资源，加强海洋文化宣传教育，形成公众对中国海洋文化的广泛认识，建立民族文化认同感，深化社会海洋教育，在常识性教育之外，让公众深入了解中国海洋发展的目标、举措、相关政策等，培养公众了解中国海洋文化历史、文化精神的兴趣，开展为实现海洋可持续发展的公益性活动，推动公众对中国海洋文化产业的关注与参与。第二，挖掘海洋文化特色资源，提炼优质文化，推动海洋文化产业价值的形成，实现文化产业化。中国海洋文化是中华民族几千年形成的文化体系，具有鲜明的民族特征，是世界海洋文明的重要组成部分，因此应选取最具中国民族特色的优秀海洋文化作为传播的核心内容，以此提升中国海洋文化的世界话语权，让世界听到中国的声音。第三，把握海洋文化传播规律，在提升海洋文化产品内容质量的同时，注重文化产品外在形式和传播途径的创新。在这个全媒体时代，优质内容是文化产业发展的核心要素，海洋文化产品的开发应始终坚持“内容为王”，挑选在历史以及审美价值方面都具有代表性的优秀文化内容，在形式方面应注重个性化、审美的流行性等，以满足不同层次人群的需求。在文化传播方式上，注重交流与共享，应用新媒体和数字技术，使海洋文化“活”起来，通过 VR、虚拟空间等技术生成逼真的三维场景，加强人们的体验和感受。

（二）科技赋智创意赋能，打造海洋文化 IP

“文化产业必须抓住数字经济发展的重要战略机遇，促进文化科技深度融合，不断催生文化新业态，借助国内文化市场的巨大网络效应，在带动数字文化消费升级的同时畅通国内国际文化市场‘双循环’，推进高水平文化贸易。”① 2016 年以来，中国各类文化产业在短视频、直

① 魏鹏举：《数字经济与中国文化产业高质量发展的辨析》，《福建论坛》2021 年第 11 期。

播、网络游戏、咨询等互联网文娱平台加速融合，线上文艺晚会、线上演唱会、云综艺、云展览等新型文化产业模式不断涌现。疫情发生以来，数字化工具在生活工作中的应用更加普遍。在线办公、在线上课、远程会议、线上直播已经成为常态，网络文化消费大幅提升。以抖音、快手、微视频等为代表的短视频 App 迅速征服了亿万用户，一跃成为现象级庞大市场，形成一个新的文化产业。中国互联网络信息中心（CNNIC）数据显示，中国短视频用户规模快速增长，从 2016 年的 1.9 亿人增长至 2020 年底的 8.73 亿人。2020 年初，抖音 App 的日活跃人数已经突破 4 亿，快手日活跃人数突破 2 亿，2020 年中国短视频行业市场规模已经突破 2000 亿元。① 短视频出海发展也成为热门，中国的形象、声音、文化都可通过短视频的形式在海外传播。然而，中国海洋文化产业在数字科技与产业融合方面仍有很大不足，主要依赖实体经济的海洋文化产业很难满足人们的网络文化消费需求。因此，中国海洋文化产业应该加快运用数字技术建立线上海洋文化产业体系，加速海洋文化资源的数字化，以互联网为载体，建立和完善海洋文化 IP 工业体系，因地制宜地发掘和培育具有地方文化特色的文化产品和企业，打造具有持续开发价值的海洋文化 IP，塑造海洋文化精品。

2020 年 11 月，文化和旅游部发布《关于推动数字文化产业高质量发展的意见》，明确提出“培育和塑造一批具有鲜明中国文化特色的原创 IP，加强 IP 开发和转化，充分运用动漫游戏、网络文学、网络音乐、网络表演、网络视频、数字艺术、创意设计等产业形态，推动中华优秀传统文化创造性转化、创新性发展”。中国传统文化 IP 开发的许多优秀案例给海洋文化产业带来良好借鉴。例如，中国中央广播电视总台连续推出三季《国家宝藏》节目，先后开发了“大唐女团”手办、纸艺微雕等多款文创产品，开办网络商城“你好历史旗舰店”，无论从历史文化宣传还是文化产业方面都获得了巨大成功。再比如，在 2021 年河南的春节晚会上，《唐宫夜宴》横空出世，不仅给亿万人民带来视觉盛宴，更是让传统文化生动再现。春晚之后，河南广电成立团队专门负责唐宫夜宴 IP 的运营，开发系列衍生品，联合其他平台和品牌开发文创产品。这

① 《2021 中国网络视听发展研究报告（完整版）》，https://m.1905.com/m/news/zaker/1524546.shtml?__hz=1fc214004c9481e4&api_source=zaker_news_add，最后访问日期：2022 年 7 月 5 日。

些 IP 开发的成功案例都是挖掘中国传统文化资源进行创造性转化，从而形成产业 IP 品牌。中国传统海洋文化中有许多值得挖掘的素材，例如《山海经》是中国海洋文化的源头，为后世海洋文学、文化提供了诸多母题原型，有赞颂伟大的抗争精神的“精卫填海”，有表现原始初民对神祖的想象的“女娲浴日”，有充满奇幻色彩的“海上仙岛”“八仙过海”等故事，也有富有哲性思索的“望洋兴叹”“好沤者”等寓言，还有许多箭垛式的古代传说和人物形象，应提高这类海洋文化资源的再生能力，塑造海洋文化精品。

（三）推动“互联网 + 海洋文化”产业模式，加快新业态的发展

除了滨海旅游、康养休闲之外，中国海洋文化产业其他门类的占比较小，海洋文化出版、影视、海洋博物馆、周边文创、电子商务等方面都有极大的发展空间。疫情之下，数字经济呈现不可比拟的发展优势，根据 2022 年 2 月 25 日 CNNIC 发布的数据，截至 2021 年 12 月，中国互联网网民规模达到 10.32 亿人，互联网普及率达到 73%，人均每周上网时长为 28.5 小时。毋庸置疑，互联网已经成为助力文化产业发展的最大推手。文化产业与数字科技的深入融合催生出多种新兴业态，其中网络视频、网络直播、网络游戏增长迅速；云展览、云旅游等新业态也蓬勃发展；各类数字文化科技产品与服务涌现，带动数字文化经济业态繁荣。以高科技、数字化、智能化为特征的文化新业态也显示出发展潜力。海洋文化产业要着力开发线上文化产品，打破文化产业发展地域不平衡的局限。与传统文化产业相比，线上文化产业在应对自然灾害、公共舆情以及公共突发事件方面具有天然优势，例如动漫、游戏、网络视听新媒体、线上培训、网络文学等，还应充分利用网络文学、动漫、短视频、直播、网络游戏等平台载体以及 VR、AR 等技术，使中国海洋文化以各种形式“活化”起来，实现文化产业的转型升级。以网络游戏为例，日本 Koei 公司推出的系列单机游戏《大航海时代》，完全以真实世界的历史和地理系统为背景展开，尤其是第 4 部作品，深入描写欧洲殖民扩张与殖民贸易，比如签订契约、独占贸易港、建立贸易航线、探险等，折射出真实历史背景和时代特点。该游戏以青少年喜欢的方式，培养了诸多大航海玩家，传播了世界基本地理常识和历史知识，许多青少年在游戏中对地理方位和世界城市如数家珍，的确起到寓教于乐的作用。遗憾

的是，中国涉海游戏产品开发甚少，更缺乏基于中国海洋文化历史内容开发的同类产品。同时由于文化产品从策划、制作到发布的周期较长，中国涉海影视文化产品、文学作品、文艺作品数量不多。2020 年 12 月，中国首部海洋救援题材电影上映。该片取材于真实的海上救援事件，上映后获得了非常好的口碑和票房，这无疑为涉海题材的影视创作提供了一个良好的开端。另外两部涉海纪录片《蔚蓝之境》和《海上福建》先后上映。2020 年 1～4 月，真人秀节目《地球之极·侣行》全程记录拍摄张昕宇、梁红夫妇带领 51 人的团队，驾驶世界首艘个人所有的 PC4 等级的破冰船“北京海洋领导者号”奔赴南极大陆助力科考的事迹，是中国海洋文化产业领域一次兼顾社会价值和经济价值的全新尝试。

（四）优化人才结构和培育多元创作主体，强化创意落地

文化产业的本质是创意经济，创意是文化产业的核心要素。在今天多元文化碰撞、信息化高度发达的时代，许多文化创意产品凭借深厚的文化意涵、独特的设计理念以及新颖的审美表达快速“出圈”，在带来丰厚经济回报的同时，更赋予中国传统文化新的生命。首先，人才是文化产业发展的核心推动力量，中国海洋文化产业要持续快速发展，必须从培养人才着手。范周认为，“高素质文化产业人才培养需要坚持专业化、多元化、复合型、实践型四大方向”①。中国海洋文化产业创意人才结构严重失衡，从人才层次上来看，海洋文化产业的中高级人才，尤其是创新型人才和管理型高级人才比重较小；从知识结构上来看，知识结构和能力单一的人才居多，能够兼具海洋、文化、产业经济等相关领域的复合型人才短缺。因此，在培养人才方面，应推动建立海洋文化产业跨学科人才培养平台，增设海洋文化人才培养实践基地，开展海洋文化产业跨学科研究项目，推动海洋文化复合型人才培养。同时，应吸纳不同产业人才，如海洋科学、文学艺术、数字科技、互联网等多种类型人才参与海洋文化产业发展建设，以科技发展、学科互动推动文化创意形成。其次，培养海洋文化产业的多元创作主体。目前中国海洋文化产业发展创新更多依赖海洋文化企业和专业文化产业人才，远远不能满足中国海洋文化产业发展需

① 《范周院长划重点！中国文化产业发展的人才需求有哪些?》，https://www.sohu.com/a/405994178_182272/，最后访问日期：2022 年 7 月 10 日。

求，因此，应充分利用数字技术和互联网平台，推动多元创作主体共同参与打造海洋文化精品。例如，运用微信、抖音、快手等自媒体平台以及微短剧产业，通过网络流量赋能，促进文化产品内容的升级，提高海洋文化传播速度和广度，促进文化交流互动。最后，为海洋文化创作者提供支持，打造海洋文化创意投资平台，举办海洋文化创意赛事和公益活动，将具有商业价值的创意进行产业化实践，让海洋文化创意落地生根。

中国海洋文化产业是现代海洋产业体系的重要组成部分，不但承担着拉动海洋经济的重要作用，更是中国海洋文明、海洋精神的重要载体，是中国文化现代化、科技现代化的集中体现。自《“十四五”海洋经济发展规划》实施以来，中国海洋文化产业一直保持高速发展，虽然在疫情发生以来遭受重创，但仍然显现出强劲的发展韧性与活力。随着中国疫情得到有效控制，中国海洋文化产业正在全面重启，传统文化产业逐渐得到恢复，文化新业态则在数字技术、互联网的加持下逐渐显现出巨大的潜力和无限的生机。疫情防控常态化时期是中国海洋文化产业发展的新起点和新机遇，应紧跟数字化和互联网飞速发展的节奏，在加快传统海洋文化产业转型升级的同时，集中力量发展海洋文化新业态，增强海洋文化产业抵御各类突发性公共舆情和自然灾害的能力，实现海洋文化产业的高质量发展。

Reflection and Development Path Analysis of China's Maritime Cultural Industry

Lu Meiyan

(Shandong Academy of Marine Economics and Culturology, Shandong Academy of Social Sciences, Qingdao, 266071, P. R. China)

Abstract: Since 2020, due to the impact of the COVID – 19 pandemic, China's maritime cultural industry has been greatly impacted, the traditional cultural industry with coastal tourism as the main body has almost fallen into a state of total stagnation, and the development of emerging formats has also experienced obstacles and shocks, which have exposed the unreasonable industrial structure, unbalanced regional development, lack of cultural support and insufficient innovation in China's maritime cultural industry, but at the same time, under the epidemic, China's maritime cultural industry still shows strong development resilience, vitality and potential, this article believes that in the normalization period of epidemic prevention and control, the development of China's maritime cultural industry should focus on strengthening the deep integration of culture and industry, empowering science and technology with wisdom and creativity, promoting the "Internet + maritime culture" industrial model, optimizing the talent structure of these four directions to seek a breakthrough in the dilemma, to achieve the transformation and upgrading of China's maritime cultural industry.

Keywords: Ocean Races; Maritime Culture Industry; Cruise; Coastal Tourism; Sea Convention

（责任编辑：孙吉亭）

《中国海洋经济》征稿启事

《中国海洋经济》是由山东社会科学院主办的学术集刊，主要刊载海洋人文社会科学领域中与海洋经济、海洋文化产业紧密相关的最新研究论文、文献综述、书评等，每年的 4 月、10 月由社会科学文献出版社出版。

欢迎高校、科研机构的学者，政府部门、企事业单位的相关工作人员，以及对海洋经济感兴趣的人员赐稿。来稿要求：

1. 文章思想健康、主题明确、立论新颖、论述清晰、体例规范、富有创新。文章字数为 1.0 万 ~ 1.5 万字。中文摘要为 240 ~ 260 字，关键词为 5 个，正文标题序号一般按照从大到小四级写作，即“一”“(一)”“1.”“(1)”。注释用脚注方式放在页下，参考文献用脚注方式放在页下，用带圈的阿拉伯数字表示序号。参考文献详细体例请阅社会科学文献出版社《作者手册》2014 年版，电子文本请在 www. ssap. com. cn“作者服务”栏目下载。

2. 作者请分别提供“基金项目”（可空缺）和“作者简介”。“作者简介”按姓名、出生年月、性别、工作单位、行政和专业技术职务、主要研究领域顺序写作；多位作者合作完成的，请提供多位作者简介；并附英文题目、英文作者姓名、英文单位名称、英文摘要和关键词；请另附通信地址、联系电话、电子邮箱等。

3. 提倡严谨治学，保证论文主要观点和内容的独创性。对他人研究成果的引用务必标明出处，并附参考文献；图、表等注明数据来源，不能存在侵犯他人著作权等知识产权的行为。论文查重比例不得超过 10%。

来稿本着文责自负的原则，由抄袭等原因引发的知识产权纠纷作者将负全责，编辑部保留追究作者责任的权利。作者请勿一稿多投。

4. 来稿应采用规范的学术语言，避免使用陈旧、文件式和口语化的表述。

5. 本集刊持有对稿件的删改权，不同意删改的请附声明。本集刊所发表的所有文章都将被中国知网等收录，如不同意，请在来稿时说明。因人力有限，恕不退稿。自收稿之日 2 个月内未收到用稿通知的，作者可自行处理。

6. 本集刊采用匿名审稿制。

7. 来稿请提供电子版。本集刊收稿邮箱：1603983001@qq.com。本集刊地址：山东省青岛市市南区金湖路 8 号《中国海洋经济》编辑部。邮编：266071。电话：0532－85821565。

《中国海洋经济》编辑部

2021 年 4 月

图书在版编目(CIP)数据

中国海洋经济. 第14辑 / 孙吉亭主编. -- 北京 : 社会科学文献出版社, 2023.1
ISBN 978-7-5228-1314-1

Ⅰ. ①中… Ⅱ. ①孙… Ⅲ. ①海洋经济-经济发展-研究报告-中国 Ⅳ. ①P74

中国版本图书馆CIP数据核字(2022)第253668号

中国海洋经济(第14辑)

主　　编 / 孙吉亭

出 版 人 / 王利民
组稿编辑 / 宋月华
责任编辑 / 韩莹莹
文稿编辑 / 陈丽丽
责任印制 / 王京美

出　　版 / 社会科学文献出版社 · 人文分社 (010) 59367215
　　　　地址: 北京市北三环中路甲29号院华龙大厦　邮编: 100029
　　　　网址: www.ssap.com.cn
发　　行 / 社会科学文献出版社 (010) 59367028
印　　装 / 三河市龙林印务有限公司

规　　格 / 开 本: 787mm × 1092mm　1/16
　　　　印 张: 12.5　字 数: 203千字
版　　次 / 2023年1月第1版　2023年1月第1次印刷
书　　号 / ISBN 978-7-5228-1314-1
定　　价 / 98.00元

读者服务电话: 4008918866